# 追跡　日米地位協定と基地公害

ジョン・ミッチェル
Jon Mitchell

阿部小涼……訳

# 追跡 日米地位協定と基地公害
## 「太平洋のゴミ捨て場」と呼ばれて

岩波書店

# 序

七〇年以上にわたって、米軍基地は放射性廃棄物、枯れ葉剤、劣化ウラン、ＰＣＢ（ポリ塩化ビフェニル）やヒ素などの有害物質で日本を汚染してきた。毒物が河川、海、土壌を汚し、米軍兵士や軍雇用員、地域住民の健康を害してきた。

なかでも沖縄は、米軍基地の負担が集中する最大の被害地だ。最近、沖縄の県都那覇市を含む百万規模の人口を支える飲料水源が、危険なレベルのパーフルオロ化合物で汚染されていることが発覚した。これは軍用の泡消火剤に含まれる物質で、発がん性や発達を阻害する病例との関連が指摘されている。

米軍は自らの環境汚染、すなわち米軍公害に関する情報を、自軍の兵士にも日本政府にも隠し続けてきた。現在の日米間協定は、米軍に対して、環境事故を公表することはおろか、日本の当局者が汚染調査で基地内に入るための許可すら、要請していない。

地位協定（ＳＯＦＡ《ソファ》）の下で、米軍は民間に返還された土地の汚染除去の負担も免れている。このような事態を悪化させているのが、軍事公害について米軍の責任を追及できない日本政府である。

様々な制約があるために、現在もなお、在日米軍の環境に及ぼす影響が「公害」と認識されることはまず不可能だ。土地が返還されてから汚染調査を実施するという唯一の手段が、幾度となく深刻な汚染を明らかにしてきた。だが、土地の調査は返還後では手後れなのであり、使用中の基地の汚染について知る手立ては何もない。

そうした日本の状況で、基地汚染について情報収集するために二つの方法が残されている。その一つが米国情報自由法（ＦＯＩＡ《フォイア》）、すなわち国の公文書を公開させる法律を活用する方法だ。二つ目は退役あるいは現役の兵士、軍雇用員やその他の内部告発者からの聴き取りである。

調査報道のジャーナリストである私にとって、この二つの方法は主要な手段であり、本書はそうした調査の成果である。一万二〇〇〇ページを超える米軍、米国務省、ＣＩＡの内部文書を初めて総合的に検討したことで、第二次世界大戦から今日までの長期にわたる日本の汚染と、それを隠蔽しようとした米国政府の実態が明らかとなった。これらの内部文書には、アジアで最大の規模を誇る嘉手納基地、世界で最も危険な基地と言われる普天間飛行場、海外で唯一の米軍原子力空母の母港となっている横須賀海軍基地など、ペンタゴン（米国防省）の拠点的基地で発生した数百件におよぶ事故が詳らかにされていたのである。

さらに、自らの任務環境としての在日米軍基地を熟知する人々へのインタビューも本書を支えている。人々の安全への深い危惧から沈黙してはいられなかった兵士、軍雇用員、そして、自軍のせいで子供が病に冒された米国の母たちである。

健康への影響とともに、経済への打撃も大きい。近年、軍用地の汚染浄化にかかる費用は、数億円に上っている。沖縄では近い将来、最悪に汚染された軍用地の一部返還計画が迫っているが、日本の納税者だけがその突出する費用のツケを払わされることになる。

軍による公害は、健康と経済への影響がきわめて深刻であるからこそ、ペンタゴンはあらゆる手を尽くして真実を隠し、明らかにしようとする者を手当たり次第攻撃してきた。ジャーナリストとして、私は実際にこれを経験している。九カ月にわたって私の仕事を捜査したペンタゴン、私の部屋からのインターネット・アクセスを妨害した米空軍、軍事公害に関する講演を妨害しようとした東京の米国大使館に、私は標的にされたのである。最も深刻だったのは二〇一六年夏、私が米海兵隊警察の捜査対象となっていた事実の発覚だった。これには、報道の自由を求める国際団体からも即座に非難の声が上がった。

こうした兆候はすべて、日本における軍の汚染を隠蔽しようともがく米国政府の必死さを物語っている。賭け金は高い。数十万人のアメリカと日本の人々の健康と、数十億円と見積もられる浄化費用を考えれば、これは今日の日本における火急の課題であるだろう。

ペンタゴンは世界最大の汚染者である。第1章では、この恥ずべき称号を得るに至った過程、すなわち米国内の四万カ所に上る軍の汚染場所を訪ね、汚染源をたどり、汚染物質による健康被害を取り上げる。これは日本の問題を文脈に置いて理解するのに必要な作業だ。米国では、政府が、軍事公害についての説明責任を自国の軍に果たさせるべく奮闘したことも明らかになる。それは、勝手放題に汚染する米軍を容認するだけの日本政府とは、きわめて対照的な姿である。

第2章は沖縄戦から書き起こす。鉛、殺虫剤、日本の化学兵器、数千トンの不発弾。今日の沖縄を今なお脅かし続ける汚染の起点である。そして第二次世界大戦後、沖縄を「太平洋のジャンクヒープ（クズ鉄山、ゴミ捨て場の意）」と呼んだ米軍は、二七年間の米国占領期間中、誰にとがめ立てられることもなくこの島を汚染した。一九五〇年代、六〇年代、七〇年代にかけて、軍事基地からの溶剤、殺虫剤、燃料その他の有毒物質が沖縄の土や水に染み込んでいった。頻繁に汚染に曝されたのは沖縄の子供たちで、CSガスなど軍用化学物質の漏出で被害を受けた。

冷戦下の沖縄は、この惑星で最大規模の大量破壊兵器が保管された格納庫のひとつであった。第3章では、一九六〇年代ペンタゴンが稲作地で実施した生物兵器試験、「プロジェクト112」の名の下に行った人体実験についても検討する。沖縄の基地に格納された一〇〇〇発を超える核弾頭については、少なくとも二発が今もまだ近海に沈んだままだ。VXガスを含む化学兵器の漏出は米兵にも負傷者を出した。海洋投棄処分も行われた。ベトナム戦争中の枯れ葉剤は、島のあちこちで保管され、散布され、埋却され、残留物が二一世紀の今もなお土壌を汚染し続けている。

第4章は、米軍公害を放置している日本政府の米国との協定について検討する。約六〇年前に調印された地位協定が、環境に対する米軍のあらゆる責任を免除し、見直しもなされてこなかった。その後の取り決めも、多くは「日米合同委員会」によって秘密のうちに調整され、軍が処罰されることなく日本の基地を汚染する権利を強化する方向に棹さすだけだった。米国が軍事基地を維持するその他諸国、たとえばドイツや韓国とは異なり、日本は米国に透明性を強く求めきれないために、返還された土地から繰り返し汚染が発見され、経済的にも深刻な結果をもたらしている。

在沖米軍のなかでも、沖縄県の環境を最も毀損しているのが米海兵隊である。第5章では、米海兵隊が、数年後には返還が予定される那覇近郊の大規模軍用地、キャンプ・キンザーで、深刻な汚染の隠蔽を謀ったいくつもの事実を明らかにした。さらに、FOIAによって入手した米海兵隊の内部指針から、環境事件を日本政府に報告しないよう命令していたことも判明した。普天間飛行場その他の駐留地では、近年、数百件に上る危険な化学物質の漏出事故が起こっていた。第5章の終わりでは、過去数年間でも最悪の事故、米海兵隊岩国飛行場の戦闘機によって沖縄の鳥島が劣化ウランで汚染された事態を取り上げる。

第6章は嘉手納空軍基地の公害に焦点を当てる。一九九五年から二〇一七年の内部文書が明らかにしたのは、この駐留地が鉛、ダイオキシン、PCB、アスベストで一帯の土壌と水源を汚染してきた事実であった。数百件におよぶ環境事故のうち、日本政府に通報されたのは一握りに過ぎなかった。人体に及ぼす健康被害は恐るべきものだが、軍は影響を受ける人々を助けようとしない。さらに、おそらく沖縄における史上最悪規模の環境破壊である、七つの市町村の住民が猛毒のパーフルオロ化合物に曝されていたという問題は、基地に責任があることが明らかにされつつある。

第7章は日本本土の米軍公害をたどる。冷戦期、日本本土の基地における作戦行動が、土壌や水質を放射能、PCB、猛毒の溶剤で汚染した。近年、横須賀海軍基地、米海兵隊岩国飛行場、厚木海軍飛行場から出された内部事故報告書には、ずさんな安全基準、大規模漏出や火災など、何百という事故が記録されていた。何十年もペンタゴンは、日本政府の暗黙の了解のもと日本本土に向けて核兵器を移送し、海兵隊岩国飛行場の沿岸で核爆弾を保管した。放射能の脅威は今もある。3・11救援作戦を終えた米軍は、大量の放射能汚染水を三沢空軍基地と厚木飛行場で廃棄した。さらに深刻なこととして、現在も、東京湾という世界でもっとも混雑し、地形構造上も脆弱な海域の先端に停泊する原子力空母が、放射能被曝の脅威として居座っている。

第8章では、未来について考察し解決策を提案して本書を締めくくる。公平性の高い政策が実現されなければ、人間の健康、環境、経済は、日本における米軍の作戦行動によって被害を被り続ける。最終章は、この米軍公害に対峙する新たな取り組みの提案である。透明性、説明責任、応答力の原則をうちたてることが、沖縄と日本の来たるべき数十年を公害から守るための一助となるだろう。

# 目　次

# 第1章

# 米軍　地球でいちばんの汚染者

米軍は現在、この惑星でいちばんの汚染者である。

作戦行動は、他のどんな組織よりも燃料を使い、二酸化炭素を排出している。毎年の有害廃棄物は、米国の三大化学工場を合わせた量を上回る六八万三八九トンで、一分間に一トン以上を排出している計算だ。二〇一〇年から二〇一四年の間に、二万八七二九トンの汚染物を国内の水路に放出しているが、この数字を上回るのは、合同鉄鋼企業と食肉産業のみだ。

海外では、米軍はおおよそ七〇カ国にある八〇〇カ所の駐留基地が、地元地域政府の様々な法の適用外にあって、土地、水、大気、近隣に暮らす人々を汚染している。かたや米軍の作戦行動は、ダイオキシン、白リン弾、放射性の劣化ウラン、発がん性の重金属などの猛毒の弾薬で戦場をデコレーションしている。

米本国の基地公害を見れば、米軍による汚染の規模がよくわかる。

米国政府の記録によれば、この数十年間で軍は米国内三万九四〇〇カ所を汚染した。ペンタゴンとその契約者が行った米国における汚染の総面積は、一六万一八七四㎢、これは北海道の面積の二倍に相当する。二〇一七年の時点で、一四九カ所は汚染が激しく、スーパーファンド・サイトに指定しなければならなかった。米国国内では、汚染者負担の原則では手後れとなってしまう深刻な環境汚染に対処するため、米環境保護庁（EPA）により連邦議会の特別予算措置《スーパーファンド》で浄化指定される地点をこのように呼ぶ。つまり、緊急対応の必要な地帯として政府が指定する、最も深刻なレベルということだ。

全軍、すなわち、陸軍、海軍、空軍、海兵隊、さらに沿岸警備隊に属する米国内の汚染地区は、広大な飛行場、訓練地帯、中規模弾薬演習場、ミサイル発射地点、小規模のレーダー地点、補給地区など多様である。汚染された基地には、現在も活発に運用されているところ、閉鎖され民間地への返還過程にあるところ、あまりにも汚染がひどく、再利用のあらゆる望みを絶たれて放棄され、防疫線で永久に遮蔽されたところもある。

一九九三年に、ある国防省高官はこの問題を次のように総括した。軍事基地は「考えられるあらゆる汚染、毒物、危険廃棄物、燃料、溶剤、不発弾で飾り付けられている」。言い替えれば、この汚染浄化は軍の「最大の難題」なのだ。

汚染は基地のフェンスから逃げ出して、地元の川へ、海へと流出する。井戸や地下水に浸透する。軍の公害は運用中あるいは閉鎖後を問わず、少なくとも四〇〇カ所の基地の近隣に暮らす人々の水源を汚染している。米国では汚染地はすべての州にあり、軍の汚染とはすべてのアメリカ人の生命に関わる問題なのだ。

米国を守ると思われている基地そのものが、米国を毒しているのである。

**基地公害をめぐる旅**

米国内をぐるっとめぐって、軍が祖国を汚染する様子を明らかにしてみよう。

出発は東海岸から。米海兵隊キャンプ・レジューンはノース・カロライナにある。一九四一年設立、六四〇〇㎢の基地には、射撃場、森林訓練地、居住区もある。キャンプ・レジューンは海兵隊の誇るべき中枢だが、今日その名称は基地公害と同義である。

一九五〇年代から八〇年代にかけて、この基地では燃料と溶剤を基地内の井戸に放出し、安全基準の数千倍というレベルで飲料水を汚染した。地下保管タンクからはがんの原因となるベンゼン、洗濯所付近ではドライクリーニング薬液を垂れ流した。海兵隊は汚染に気づいていたが、隊員や家族が水を飲み続けるのを容認し、政府が調査を開始すると、軍官僚は嘘でごまかした。

汚染の結果、数万人の隊員と家族が白血病、乳がん、膀胱がんなどの病を患い、流産を経験した。総計で一〇〇万人と推計される人々が、米国史上最悪規模といわれる飲料水公害に曝された。

南に旅を続けよう。やってきたのはフロリダのイグリン空軍基地だ。一九六〇年代、軍はベトナムでの使用を目的とした改良のため枯れ葉剤を試験散布した。枯れ葉剤はＴＣＤＤというダイオキシン、人間が知りうる最悪の致死的物質を含む。がんと出生異常の原因となり、ベトナムでは三〇〇万人が米国との戦争で被曝し、病に冒されている。

イグリンでは、枯れ葉剤のドラム缶が埋却処分された。一九七〇年代の軍では容認されていたその手順が、今日なお土地を毒し続けている。

殺虫剤、劣化ウラン、ヒ素で、地元住民が魚を釣る池と川を汚染した基地は、あちこちにある。

フロリダから西へ向かおう。深南部の数百の汚染地区を通過して、コロラド州に到達すると、そこは陸軍ロッキーマウンテン兵器廠のホームタウンだ。海岸線から遠い内陸にあって、第二次大戦時に敵機の射程を外れていることから選定されたこの地で、化学兵器が製造された。被曝すると化学作用による火傷で肌や肺に水ぶくれをつくるマスタード剤、微量でも、ひきつけが収まらず死に至る神経剤のＶＸなどを製造した。冷戦期、こうした化学兵器が沖縄にも数千トン保管されていた。

ロッキーマウンテン兵器廠はまた、最悪に非人道的な二つの通常兵器、ナパーム弾と白リン弾を大量生産した。

基地では、数十年に及ぶ弾薬製造による廃棄物が広大な野外の水域に投棄され、地元の飲料水供給源に注ぎ込んだ。近年、この地域は「地球で一番の猛毒エリア」と称される。

コロラドからさらに西へ。次の訪問地は、カリフォルニアを舞台とする軍公害を学ぶための場所だ。エドワーズ空軍基地には、重大汚染地点《ホットスポット》と疑われる場所が四七〇カ所ある。その汚染の大部分は、他の基地と同様に、日常的な作戦行動によって激化した。発がん性の溶剤や脱脂剤が航空機エンジンの洗浄に使用され、地面に流れ込んだ。火災訓練では有毒のパーフルオロ化合物を含有する泡消火剤が水源を汚染した。保管タンクからは燃料が漏出した。

米軍、なかでも空軍は年に何百万リットルもの燃料を使用する。その毒害は二つに由来する。燃料の組成それ自体に加えて、効果を上げるために添加する化学物質の問題だ。燃料は多種の成分からできているが、その多くに含まれる毒物がベンゼンとナフタレンである。ベンゼンに曝露すると、造血細胞の機能に害を及ぼし骨髄を蝕む白血病の原因となる。ナフタレンは中枢神経系、腎臓、肝臓の病害に関連する。

加えて、軍では、腐食防止や高高度で飛行する航空機での氷結防止を目的とした化学物質を添加する。これらの物質も、骨髄や男性生殖器に関わる数多くの健康被害と関連付けられている。

エドワーズ空軍基地から出た汚染は地下水に浸透し、水脈を伝わることによって羽毛のように拡散する汚染プルームを形成した。

太平洋に向かって海を渡れば、ハワイに到着する。ハワイは、一四二カ所もの軍事施設と汚染の本拠地である。パールハーバー海軍統合施設では、地下の燃料タンクやドライクリーナー、発がん性のPCBに汚染された電気変圧器を原因とする公害が発生した。カネオへ海兵隊基地では一三〇〇世帯の家が、高レベルの殺虫剤に汚染された土地に建設されたが、ここでも住民への警告はなかった。

最後に到着するのは、米国の最西端、米領グアムのアンダーセン空軍基地だ。

沖縄の嘉手納空軍基地や東京の横田空軍基地と同様に、アンダーセンは朝鮮戦争、ベトナム戦争で集中的に使用され、現在もなお大規模な軍隊を受入れ続けている。政府文書によると、この基地を汚染した四六種の汚染源には、燃料、PCB、殺虫剤、重金属が含まれる。二〇一七年一〇月時点でアンダーセンの軍事公害地点は九八カ所にのぼり、汚染は島の大部分に水を供給する地下帯水層にまで及んだ。

米国政府記録によれば、数千本の枯れ葉剤のドラム缶が、冷戦期にグアムへ移送された。隊員らは基地のフェンスや滑走路の除草目的で散布したことを覚えている。二〇一五年、調査は、グアム保険局によっても行われ、枯れ葉剤が散布された地域で、出生異常による乳児死亡の発生件数が高いことが判明した。

## 不正行為の数十年

米軍基地公害の主な原因のひとつは、余った有害廃棄物や化学物質を廃棄する手順にある。数十年にわたり、軍は焼却、投棄、海底投棄のほか、最も問題の大きい方法だが、民間への転売も行った。冷戦期を通じて、基地は焼却用の穴や炉で、余剰化学物質を、任務中の隊員や地域への配慮もなく燃やしてきた。軍は弾薬や爆発性のあるその副産物を五〇カ所で焼却し続け、発がん性の重金属、パークロレイト（過塩素酸塩）など甲状腺の損傷につながる物質で近隣地域を汚染し続けた。

軍が好んだ別のやり方は、野外で貯水池に有毒化学物質を注ぎ込むという手法だが、時間が経てば物質が自然分解されるだろうと期待してのことだった。今やこの所業の悪しき結果は明らかである。この慣行が毒物をさらに濃縮、あるいは混合することによって、いっそう殺人的な配合にしてしまった。

自然の回復力への信仰という同じ過ちが、軍による弾薬、放射性廃棄物、化学兵器の海洋投棄の背景にもある。一九四四年から一九七〇年の間に、陸軍は二九〇〇万kgのマスタード剤と神経剤、四〇万発の化学兵器爆弾、四五四トンの放射性廃棄物を捨てた。専門家は物質が不活性化すると想定したが、これは間違いだった。これらの兵器は、海洋生物を汚染し、網で偶然に回収してしまった漁船員を負傷させた。たとえば二〇一六年八月には、ニュージャージー沿岸で漁師が負傷し、マスタード剤汚染のおそれから、数百箱のクラムチャウダーを廃棄しなければならなくなった。

有害物質を廃棄する方法のなかでも困惑させられるものは、軍が一般人向けに競売に出すことだ。防衛再利用市場事業（DRMS）の名称で知られるこの計画を通じて、軍は求むべからざる化学物質を民間会社や個人に売却した。多くの場合、買い手の取扱いの資格は確認せずに実施された。一九八〇年代には、酸、殺虫剤、溶剤を軍から購入した者が後で廃棄したため、消防士が予期せずこの失態に対応させられた例がある。場合によっては、軍は有毒廃棄物のドラム缶をまとめ買いのロットに一緒にして混ぜて競売に出し、買い手は自分が何を受け取ったのか気がつかないこともある。

確かに、冷戦期の軍による廃棄処分手順は、民間企業にも見られる。しかし、二つの異なる点を念頭に置かなければならない。

第一に、軍によって廃棄された物質には、殺傷のみを目的として製造された化学物質があるということだ。たとえば一gのVXガスは一〇〇〇人を殺す能力がある。徹甲砲弾に使用される劣化ウランは、半減期までに数百万年を要する。

第二に、軍はむだ遣いが習性となっている。政府の一機関であるから、余剰利益を気にする必要も、つなぎ止めておきたい株主もない。つまり軍にはむだを省く動機はなく、余った化学物質を好きなように廃棄するのだ。さらに、民間工場と異なり、基地が環境に対して危険な慣行を繰り返しても、近隣地域には捜査を要求する権利がなかった。軍は有毒物質の保管、注入、埋却場所に関する文書を保管するよう求められていなかった。

各章で見る通り、軍はまったく同じ廃棄処理手法を日本でも採用した。結果が招く危険についても同じだった。

## 注目を浴びた軍の公害事件

軍の作戦は不透明性に取り巻かれていることもあって、長年、軍隊は環境への影響を世間の視線から隠しおおせてきた。しかし、一九六〇年代末に、際立った一連の公害事件が人々の目を開かせることになった。

ユタ州のダグウェイ検査場は、一九四二年に化学兵器や生物兵器を開発するために設立された。冷戦の間ずっと、数千回に及ぶ最高機密の屋外実験がこの検査場で実施された。

一九六八年三月一三日、このような試験のひとつとして、基地用地内の人の住んでいない場所でVXガスのジェット機による散布が行われた。試験は毒物の大気への拡がり方を見るものだったが、強風と散布機の故障で、薬剤は予想外に広がった。周辺ではその後の数日間に六〇〇〇頭以上の羊が死んだと報告されている。この話題はニュースの見出しを飾り、軍は後におなじみとなる手法で事件に対処した。責任を否定し、隠蔽を試みたのだ。この件の場合、羊の死は神経ガス事件とは関連がないと主張した。

しかし実情が明るみに出ると、軍は最終的に、家畜を殺された農家にやむなく賠償を支払った。

一九六九年、米軍の神経剤計画は再びニュースになる。今度の舞台は沖縄だった。

ペンタゴンは、一九五〇年代、沖縄に化学兵器を持ち込み、一九六〇年代を通じてその武器庫を補充してきた。一九六九年時点で、おおよそ一万三〇〇〇トンのVX、サリン、マスタード剤が嘉手納飛行場近くの保管庫に存在していた。

一九六九年七月八日、兵士らが砲弾の補修作業中、サリンが噴出し、二四人の米国人が病院で手当を受けた。

第3章で述べるように、この事件が報道されると、世界は震撼した。米国が海外に化学兵器を保有していたことが初めて明らかとなったからだ。世論に押されて、ついに米国政府は化学兵器について先制攻撃での使用方針を撤廃、以後の製造を停止した。

米国の化学兵器の危険性をさらに立証したのは一九七〇年四月の出来事だ。米国政府は、もっとも広く使用された枯れ葉剤の散布を禁止した。エージェント・オレンジである。

一九六二年以来、米軍はベトナムで、敵の食糧と隠れ場所を破壊する目的でこの化学物質を使用してきた。公には、軍はこの物質は人体には無害で、環境に長期の被害を与えないと見なしてきた。しかし実は、軍は、この除草剤が猛毒のダイオキシンであるTCDDに汚染されていることを明らかにした一九六五年に遡る科学的試験を隠蔽していた。

その結果、何十万という東南アジアの人々と米兵が病気になり、その子供たちは先天性の欠損を負って生まれた。当時、ベトナム人医師の間では、戦争で主要な発進基地の役割を担った沖縄のことがよく知られており、奇形の発症を非難して「沖縄バクテリア」と呼んでいた。

当初米軍は枯れ葉剤の健康への影響を共産主義者のプロパガンダだといって取り合わなかった。しかしその危険性を証明した国内の科学研究が広く知られるようになると、米国政府はついに一九七〇年四月、使用を禁止した。大いに自らの軍の怒りを買うものだったのではあるが。

## 『沈黙の春』の衝撃

ダグウェイと沖縄の事件と、枯れ葉剤の毒性の露見が続いた。これは偶然にも、米国内の環境意識の高まりと並行していた。一九六二年、レイチェル・カーソンの『沈黙の春』が出版された。この本は、二〇〇万部を超える売れ行きとなり、無制限に使用された殺虫剤が環境に浸入し、人間の健康を脅かすことへの警鐘を鳴らすものとなった。その殺虫剤のひとつがＤＤＴである。これは広く散布された物質で、肝臓障害、流産、がんの発症に関係していた。この本が出版されたことで環境問題への関心が高まり、数多くの市民組織が産声を上げた。たとえば最初のアースデイが開催され、環境保護の重要性に注目を集めたのは一九七〇年のことだ。

人間の所業である公害の山のような証拠、環境保護《グリーン》に関心の高い市民による政府への圧力を受けて、米国政府は新しい方策を導入した。一九七〇年、ＥＰＡ（米環境保護庁）が、環境をめぐる公衆衛生の番人として創設されたのである。また、これに続いて、一九七〇年大気浄化法、一九七二年水質浄化法が成立、有害物質として一九七二年にＤＤＴ、一九七九年にＰＣＢの使用が禁止された。

これらの環境諸法を踏まえて、リチャード・ニクソン、ジミー・カーターは大統領命令にサインし、環境諸法はすべての連邦機関に適用されるとした。すなわち軍隊の駐屯地もこれに含まれるということだ。米国政府が、軍隊に環境責任を果たさせようと試みた画期となった。

その後数年間、もっと環境保護に向き合うよう軍隊に働きかける取り組みは、州議会、市民組織、メディアも含む諸団体によって取り上げられた。歩みは遅くとも、徐々に改善が進められた。

ＥＰＡは地元地域の環境と健康を害する軍事作戦を停止した。たとえば、一九九七年にはマサチューセッツのキャンプ・エドワーズで実弾演習の停止が命令された。それまでの演習によって、土壌は不発弾から染み出す発がん性の爆発成分で汚染されていた。ＥＰＡはまた、キャンプ・エドワーズで、小火器発射によって堆積した何万kgもの鉛の除去に着手するよう軍に命じた。

司法は、環境への不法行為を行った軍雇用員と兵員に責任を取らせるようになった。一九八九年、メリーランド州、アバディーン検査場の化学兵器工場で、下水溝に有毒廃棄物を不法投棄した三人の技術者が有罪となった。報告書を改竄して大量の不凍液など有害化学物質を不法処理した兵員も訴追された。

何年もの時を経て、軍は民間企業と同じ指針に従うようになった。環境事故は基地内で記録を保管し、有害廃棄物は注意深く目録化し、より安全な方法で処分することになった。汚染水を処理し、油分分離機を導入して地域の水系への汚染を低減しなければならなくなった。

文書上だけを見るならば、改善策は理に適うものとなった。だが実際には、提案された改善策は軍によって妨害される。軍は危険な慣行を継続するために、死にものぐるいで闘ったのだ。

## 軍隊の思考様式

環境保護《グリーン》に対する軍隊の反論を理解するには、そのメンタリティを理解する必要がある。軍の環境問題に関する米国公共政策の専門家であるロバート・デュラントは、「三つのS」と言われる、その根底にある態度を指摘した。「自己統治《ソヴァレンティ》、秘密主義《シークレシー》、名誉意識《シニキュア》」である。自己統治とは、政府や資金提供している納税者を含む民間の影響から独立した運営が容認されるべきとの軍の信念である。秘密主義とは、国家安全保障問題についても、そして二〇一八年度で七〇〇〇億ドルにも上る年度予算の使われ方を明らかにしないという権利、その双方を指す。名誉意識とは、特権的地位を与えられているという権利意識で、兵士とは自由世界の守護者なのだから、例外的に扱われるべきだとの思い込みを言う。

米軍は、この固い殻に守られて、多くの国々の国民総生産を上回る予算を運用する巨大組織である。法の適用外での活動を許されて当然と信じ、結果として、民間の介入を妨害する。政府も妨害される側に含まれる。強力な軍需産業ロビーとこれに買収された政治家を味方に、米軍は今日、地球上に多数の基地を持つ反逆者集団であり、誰にも責任を負わない。

かくして、軍は環境手順の慣行に口出ししようとするどのような試みも脅威と捉えるのだ。ペンタゴンは、新しい法制度を隊員や社会を汚染から守るものとは見ようとせず、望ましくない介入と見なす。軍にとって言い逃れは手慣れたものだ。「軍の存在は環境保護ではなく、国民保護のためにある」。国や自治体、市民団体やメディアが環境破壊の説明を求めると、ペンタゴンはあらゆる悪意ある作戦を投じてこれを阻止にかかる。ここに投入されるのは、国家安全保障の主張、自己決定に基づく免責という名の兵器だ。自己統治と身勝手な安全基準を推し進め、指導を怠り、嘘をつく。

一九八〇年代、米国政府は、「知る権利」についての政策を導入することで、民間企業から排出される有毒物について人々が知ることを可能にした。だが、軍は、国家安全保障の観点から基地を首尾よく対象外にすることに成功した。もしも基地が排水溝や川に投棄した物質を明らかにすれば、敵はそのデータを利用して基地で実施されている作戦行動を推察できる、という理屈だ。

もうひとつの取り組みは、環境諸法を侵したとしても軍は連邦機関なので訴追されない、政府は自身を訴追できない、という論陣を張ることである。二〇〇四年、ロッキーマウンテン兵器廠、あの地球で一番の猛毒エリアの拠点であるコロラド州の司法次官は、軍が「説明責任を免れていると思っている」と嘆いた。

軍が監視を退けるよく知られた別のやり方は、外部からの基準の押し付けの代わりに、自己統治の権利を訴えることだ。このような自己管理の危険性は明らかだ。公衆の監視から逃れ、軍は違反を隠しおおせる。

説明責任の欠如は公衆衛生に現実的な影響を及ぼす。軍は使用する物質の危険性をかたくなに隠蔽し続けてきた。一九六〇年代には枯れ葉剤の危険を隠した。同様に、パークロレイトを無視、あるいは隠蔽した。これは弾薬やロケット燃料からみつかった物質で、甲状腺機能を阻害する可能性がある。パーフルオロ化合物は日本と同じく、数百カ所にのぼる米国の駐屯地付近で飲料水源を汚染した。

軍は環境に対する法令遵守の点でも、隠蔽と虚偽の不正行為の態度をあからさまにした。一九九九年、六六カ所の基地跡地のうち三二カ所で、軍は浄化を完了したと主張したが、依然としてアスベスト、ＰＣＢ、不発弾により危険な水準で汚染されたままだった。場所によっては、徹底した試験を実施する代わりに、省略するか保守担当者への電話質問ですませた。

軍の嘘の多くは、化学兵器の解体にも関連している。一九九〇年代末から二〇〇〇年代初頭、軍は安全データを偽装し、住民への警報となりうる情報を伏せた。金銭に絡むスキャンダルもはびこっていた。二〇〇四年、軍隊内の浄化計画に関わる会計の矛盾が広まったため、国防省査察長は全米陸軍に対し倫理訓練を勧告した。

同時に、市民の監視を逃れようとして、軍は一層の透明性を求める人々に対する中傷作戦に乗り出した。一九九〇年、米軍第二位の高官であるディヴィッド・Ｅ・ジェレマイア海軍大将は、環境政策がしばしば「反軍」方針の隠れ蓑になっていると発言した。環境団体を名指しで、「少数の地元のデマゴーグ」が軍の作戦を損なう危険があると警告した。このコメントを反映して、二〇〇一年、ジェームズ・アメラウルト中将は、環境関連の諸法は「反軍派に強力な武器を提供するようなもの」と発言した。

また、軍は、環境諸法は非常に費用がかさむので、基地は閉鎖に追い込まれ、仕事がなくなるというデマが広まるに任せた。このように姑息な手を使うペンタゴンを、法律学のエキスパートは米国の「環境問題で一番の悪玉だ」と呼んだのだった。

## 日米の対照的な状況

今日までに米国政府は、環境対応を怠った数十年をへて閉鎖された米軍基地の後始末に一一五億ドルを支払わなければならなかった。この先数年もすれば、さらに三四億ドルが必要になるだろう。この金額は、米国内の閉鎖された基地についてのものだけであり、運用中の基地と、過去から現在に至る日本を含めた海外での軍事作戦は含まれていない。

米国内では、軍は今もなお一分につき一トン以上の有害廃棄物を引っかき回し、おびただしい量の汚染物で水系を汚している。

こうした事態が続いてはいるが、現在の米国の状況は以前よりはましになった。大きな勝利は、透明性によるものだ。現在、米国人は軍が国民に対して行った破壊の実態をよりはっきりと掌握している。ＥＰＡを例に取れば、使用中・閉鎖後の軍用地の汚染に関する幅広いデータを保持しており、誰でもこの情報にオンラインでアクセスできる。報告書では汚染源、曝露可能性のある経路が一覧でき、さらに詳しい情報を必要とする人には問い合わせ先を提示している。

情報の透明性があれば、隊員や地元住民が被曝を抑制する予防策を採れるのだ。近隣地域は、当局に対して、汚染された可能性のある井戸水を、家庭の飲料水源から隔離するよう要請できるし、特定の地域では耕作や漁業をしないようにすることもできる。

汚染源となった物質に関する情報公開性が高ければ、医師が被曝した人々の病因を理解する助けとなる。法外な医療費で悪名高いこの国で、犠牲者が無償で治療を要求することも可能になる。発症した兵士が、被曝に対して退役軍人省から補助を受けることができるのは、アスベスト、放射能、枯れ葉剤、マスタード剤、焼却炉由来の毒物である。

米国での軍事公害の犠牲者にとって最も注目すべき勝利は、数十年に及ぶ燃料と溶剤の漏出が一〇〇万人を汚染水に曝した米海兵隊キャンプ・レジューンの事件だ。二〇一二年、兵士とその家族の乳がん、神経障害など一五種の病状に対して、無償で医療を提供する法案が米議会を通過した。軍の抵抗はあったが、法案の通過は地元と国の政治家、市民団体、メディアの一致した努力のたまものだった。キャンプ・レジューンの汚染を描いた二〇一一年のトライベッカ映画祭受賞作品『センパーファイ、常に忠誠』(Tony Hardmon, Rachel Libert (Dirs.), *Semper Fi: Always Faithful* (74 min/USA/2011) http://semperfialwaysfaithful.com/[日本未公開作品])や、あちこちの軍による汚染問題を取り上げた夜のニュースが、米国世論に危険を知らせた。

ここには、米軍公害についての日本の認識との驚くべき落差がある。日本ではメディアの報道は非常にまれだし、大半の市民団体は軍に透明性を要求する運動に向き合っていない。もっとも驚かされるのは、これについて日本政府がほぼ沈黙していることだろう。政府が軍隊に対して説明責任を求め、断固として取り組む米国とは大きく異なっている。

七〇年以上も、沖縄における米軍の行動が島を汚染してきた。多くは米国内で起こったよりも悪質なやり方によって。ところが、軍の秘密主義に無関心が加わり、また日本政府の共謀によって、その影響や人間の生命に与えた犠牲という事実は遠ざけられてきたのである。

犯罪や航空機の事故など、米軍が起こす数々の問題の例にもれず、沖縄は米軍公害最大の犠牲者である。軍事行動の集中は、軍事公害の集中をも意味している。

# 第2章

# 太平洋のジャンクヒープ《クズ鉄山》

## 端緒としての沖縄戦

沖縄における軍事公害の出発点は、第二次世界大戦に遡る。

なかでも一九四五年早春から夏にかけての集中的な地上戦が、島南部のほとんどの建造物をなぎ倒し、基幹設備を壊滅させ、琉球国から継承した数世紀にわたる文化資産は灰燼に帰した。戦闘が収束に向かった六月末には、八万四〇〇〇人以上の日米の兵士が死亡し、民間人口の四分の一を超える一四万人が命を落とした。

地元民にとってジェノサイドと呼ぶべき沖縄戦は、生態系壊滅《エコサイド》にも等しいものだった。戦闘は島の環境を破壊した。農地は引っかき回されて使い物にならない焦土に、森は真っ平らになり、わずかに真水を得られる沢や湧水はつぶれてしまった。

沖縄戦がその他の戦闘と異なるのは、小さな島に集中投下された爆弾の恐るべき量だ。戦闘中、米軍はおおよそ二〇万トンの重砲弾をばらまいた。四月一日の沖縄島上陸初日だけで、米海軍は四万四八二五発の砲弾、三万三〇〇〇発のロケット弾、二万二五〇〇発の迫撃砲弾を発射した。応戦した日本側も、大砲、迫撃砲、手榴弾などの弾薬で猛反撃を行った。

戦闘が終わったずっと後になっても、こうした兵器は埋もれたまま、不発弾というかたちで今も島を脅かしている。

専門家の見立てでは、米軍が沖縄で使用した重砲弾のうち約五％が不発弾であった。埋もれた不発弾の中には、日米双方が捨てた弾薬も含まれる。陥没で埋まったものや、敵の手に渡すまいと池に投棄されたものなどだ。

一九四五年以来、このような不発弾の爆発に巻き込まれて七一〇人が亡くなり、一二八一人が負傷した。

**写真 2.1** 1948 年 8 月 6 日，弾薬を積んで伊江島を出航するLCT（上陸用舟艇）が爆発した際に投げ出されたロケット弾を調べる米兵．（沖縄県公文書館所蔵）

最も恐ろしい事故は、一九四八年八月六日に沖縄島の北西海岸にある伊江島で起こった。一二五トンのロケット弾を積み、出航を待っていた舟艇が爆発し、住民側に一七八名の死傷者を出した。米軍の事後調査では、安全手順の過失が事故原因とされた。**【写真２・１】**

一九七四年三月二日には、那覇市小禄の幼稚園近くの工事現場に埋まっていた弾薬が爆発、三歳の女児を含む四人が亡くなり、三四人が負傷した。最近では、二〇〇九年一月一四日、糸満で二五〇kgの米国製爆弾が掘削機に触れて爆発した。二人が負傷し、近所の介護施設の窓ガラス一〇四枚が割れるほどの威力だった。

試算では現在なお二〇一二トンの不発弾が土中に残っているという。専門家によれば、不発弾の除去が完了するにはあと七〇年かかるとされ、二〇一六年の自衛隊による処理事案は六一二件に上った。

不発弾の爆発の影に隠れて見落としがちなのが、化学汚染の可能性だ。第二次大戦で使用された弾薬には、有毒物質として知られるトリニトロトルエン（TNT）やサイクロナイトが含まれていた。TNTは肝臓、血液、免疫系、出生異常などに影響を及ぼし、サイクロナイトは神経系を蝕み、てんかん発作の原因となる。沖縄戦で米海軍戦艦から発射された大型弾には、こうした危険物質が数百kg単位で充填されていた。FOIA《フォイア》（米国情報自由法）に基づいて私が入手した軍報告書によると、これらの弾薬の化学的影響は、戦闘が進むにつれて明らかになった。日本軍の弾が炸裂すると「緑色の煙」を発し、吐き気と嘔吐を催したとの報告が兵士から上がっていた。この煙は毒性のある爆薬成分のひとつ、ピクリン酸と思われる。数十年を経て弾薬は腐食し、内容物は川、池、農耕地に流れ出た。

大型弾とともに、日米両軍は鉛を含む弾丸を何百万発と打ち込んだ。当時、鉛の健康被害は広く知られていなかった。だが今日では、高い毒性が理解され、汚染の程度が低くても特に子供たちのIQの低下や学習障害などの影響が指摘されている。鉛は骨に蓄積する。妊娠している女性ならば、骨格発達中の胎児に移転し、発育減退や未熟児出産の原因になる。鉛中毒の危険性は栄養失調によって増大する。沖縄戦の後では、多くの人々が飢餓の日々を送ったことを想起しておきたい。

## DDT、ナパーム弾、発煙弾、白リン弾

当時、すべての人の健康を危険に曝したのが殺虫剤、DDTである。私がFOIAで入手した一九四六年一月二二日付の海軍報告書によれば、米軍は四五年四月二日から大量のDDTの航空散布を開

始し、これは沖縄戦の間ずっと続けられた。軍はＤＤＴによってマラリアの拡大を抑えられると期待していた。現在ではよく知られているこの化学物質が及ぼす害、肝臓への影響や発がん性について、当時はまだ知られていなかった。

有害な爆薬、鉛弾のほか、沖縄戦では日米双方が多種多様の新しい弾薬を採用した。アメリカについてはナパーム弾、発煙弾、白リン弾などがあった。

ガソリンとナパーム（増粘剤）を混合したナパーム弾は、肌に付着し水に潜っても燃え続ける。ナパーム弾が爆発すると、周囲の酸素を消費して猛烈に燃焼するため、近くにいれば窒息死する。米軍は沖縄で大量のナパーム弾を使用した。五七万五三八三リットルのナパームが米軍の航空機で投下され、一機で六〇〇回の攻撃を行った戦車部隊は、七五万七〇八二リットルを中まで入ることができない壕にばらまいた。消火栓を使ってナパームを押し出す工夫すら講じられていた。

米軍はまた、有毒の発煙弾を使用して敵兵と民間人を地下の隠れ場所から追い出した。作戦実行中の隊を隠すため主として野外向けに考案された発煙弾は、閉鎖空間で使用されると致命的であった。壕に取り残された民間人は、弾が次々と隠れていた場所に転がり込んで、息ができず何十人も死んでいった恐怖を覚えている。最も広く使用された発煙弾はＡＮ‐Ｍ８で、塩化亜鉛の煙を発し、肌、肺、目をやられた。

加えて米軍は、空気に触れると発火する有毒金属を使用した白リン弾Ｍ15を広範に使用した。爆発で金属粒子が二七ｍ四方に飛び散り、骨まで燃やし尽くし、窒息性の煙を発する。一つの弾に四二五ｇの白リンが充填され、不幸にもほんの数㎎でもこの金属粒子を吸い込んだ者は致命傷を負った。

その他の不発弾同様、白リン弾も今日なお、沖縄の問題の原因となっている。二〇〇一年六月一八日、西原町の建設作業員がブルドーザーで整地作業中、埋まっていた黄リン弾に触れて爆発、破片で負傷した。二〇一〇年一〇月二九日には、工事中の八重瀬町の小学校校庭で白リン弾から煙が上がった。

不発弾の白リン弾が米軍基地内で新たな問題を引き起こしている様子は第6章で取り上げる。

第二次大戦中、日米両軍とも大量の化学兵器を保有していた。米軍は沖縄戦では使用しなかったが、日本軍が配備したものが少なくともふたつあった。ひとつは、嘔吐ガスを発する有毒性の発煙筒で、私がFOIAで入手した一九四五年七月一日付の米軍機密報告書によると、少量だが米兵が発見し、「九九式」発煙筒と報告している。第二次大戦時の連合国側が作成した解析教本によれば、この発煙筒は二二cm長で、赤い帯が毒物であることを示していた。スクラッチャー・ブロックをマッチのように擦って点火し、煙で咳と吐き気を催し、鼻と喉をやられた。室内で使用すれば致命傷となりうる。ただし、米軍報告書によればこの発煙筒が対米戦闘で使用された形跡はない。このほかに沖縄戦で発見された日本軍の化学兵器が、シアン化水素である。窒息剤として、脳、心臓、肺が酸素を供給する機能を攻撃して殺傷する。

軍用として、シアン化水素は「茶瓶」と呼ばれた小さな陶器またはガラス製の手榴弾に詰められ、安定剤として銅粉末が加えられた。三三万発の「茶瓶」が日本軍により製造され中国、ビルマで対戦車用に使用された。

一九九八年七月、そのような「茶瓶」のひとつが糸満市新垣の陸軍壕跡から発見された。直径一〇

cmの球にはまだ銅粉が入っていた。専門家によれば、沖縄でみつかった有毒手榴弾がこのひとつに限ったことなのか、大規模な弾薬軍備の一部であるのかは定かでない。封印されたシアン化水素の殺傷能力は数十年持続するといわれ、壊れやすい容器をうっかり割って中毒するという不運は誰にでも起こりうる。二〇〇三年、神奈川県平塚市では三人の建設労働者が第二次大戦時のシアン化水素に曝露し負傷した例がある。

沖縄戦は「鉄の暴風」と言われた。より正確には、それはTNT、DDT、鉛、白リン、化学煙、シアン化水素の、毒の暴風でもあったのだ。

戦争を生き延びた民間人の戦後とは、悲しいことに、毒物による島の汚染の始まりだった。

## 太平洋のジャンク《クズ》ヒープ《鉄山》

米軍の作戦立案者にとって、沖縄は、日本本土侵攻への踏み石だった。アメリカ史上最大の作戦を想定し、一九四五年一一月から開始が予定され、少なくとも数百万人の同盟軍が動員されると見られた。攻撃に備えて米軍は、沖縄で民間人を多数の収容所に連行、人々の土地と元日本軍基地は、新たに米軍駐屯地となった。同時に、来たるべき侵攻に備え、軍事物資の補給が開始された。燃料、油、溶剤、殺虫剤、その他あらゆる化学物質が近代戦を行う軍隊の支援に必要とされた。

一九四五年八月、広島と長崎の核による破壊とこれに続く日本の降伏で、本土上陸攻撃は不要となった。軍の注目は東京と日本占領に移り、沖縄はしばらくの間だけだが、忘れられた。

一九五〇年代に制作された米陸軍のドキュメンタリー『沖縄　太平洋のキーストーン』は、第二次

**写真 2.2**　1950 年代中頃のスクラップ・ブームで，第 2 次世界大戦の残骸を拾い集める沖縄の人々．（沖縄タイムス社所蔵）

大戦直後の島の景色を捉えた稀有な記録である。

「戦後の沖縄はうち捨てられた場所だった。戦争中に撃ち尽くした武器、日本の侵攻に備えて積み上げられた武器が、そこら中に放置され腐食するにまかされた。小石は忘れられた。今や太平洋のジャンクヒープ《クズ鉄山》と呼ばれている」

このクズ鉄山では、民間人の暮らしは恐るべき状態だった。収容所では少なくとも六四〇〇人が栄養失調やマラリアで亡くなり、すべてを失い、衣服、台所用品、収容所の生活用品は米軍のゴミと補給物資が頼りだった。**【写真2・2】**

一九四六年になると、米軍は、民間人が収容所の外に出るのを許可した。だが故郷にたどり着いてみると、軍が基地を建設済みで、多くの沖縄の人々は立入ることさえできなかった。

この時すでに、一九四五年以降の米軍化学公害は始まっていた。

伊平屋という小さな島は、沖縄本島北岸から二三km離れた場所にある。沖縄戦中・戦後に、米軍は住民を集めて、田名の収容所に移住させた。住民がいなくなると、軍は伊平屋に弾薬補給庫を建設した。

収容所が閉鎖されて、住民はそれぞれの地域に戻った。そのときの証言が『沖縄県史 第一〇巻』に掲載されている。西江ユキという一七歳の女性は、両親と親類を含めた八名の家族と一緒だった。戻ると家は破壊されていたので、近くの土地に移り住み、井戸から水を引いた。

一九四七年頃、家族が病に倒れた。最初は目が痛み出し、肌が黒褐色に変色した。寝たきりになり腹水が溜まって膨れあがった。最初に父、次に長姉が亡くなった。その年の内に家族全員が同じ症状で死んだ。村人は感染症を恐れて葬式にも来なかった。

西江は本島の病院に通うため財産をはたいたが、医師は病気の原因を診断できなかった。家を離れて、彼女は少しずつ健康を取り戻したが、伊平屋に戻るとすぐ症状が再発した。

長い通院の間にこの家を借りた知人も病気になった。

環境に病気の原因があることが疑われ、当局は自宅付近の井戸の水を汲み、検査した結果、高濃度のヒ素に汚染されていたことがわかった。家族の病は慢性ヒ素中毒の症状だったのである。

一九七一年、それまではっきりと突き止められなかったこの汚染源の手がかりが発見された。井戸の傍から掘り起こされたのは、村を占領した米軍が廃棄したと思われる二本の空の金属製ボンベだった。

## 銃剣とブルドーザー

サンフランシスコ講和条約で、米国による日本本土の占領は終了した。だが、これは米軍の沖縄占領を固定化するものとなり、軍は「領水を含むこれらの諸島の領域及び住民」の支配を認められた。

その後の年月で米国は沖縄の三つのものを汚染した。土地、住民、川や海の水である。

多くの住民は、一九五〇年代を「銃剣とブルドーザー」の時代と呼ぶ。米軍が強制的に土地を収用して、既存の基地を拡張し、また新たな基地建設を行った時代である。住民に敗北を忘れさせまいとするかのように、米軍は多くの基地に沖縄戦の英雄の名を付けた。キャンプ・フォスター、ハンセン、シュワブなどがその例だ。米国政府の記録によれば、一九五五年までに、軍用地の収用で、全住民六七万五〇〇〇人のうち二五万人が居所を失った。たとえば小禄では、米軍は地元住民を移動させて那覇空軍基地を建設した。現在県の主要空港となっている場所である。収用の際に、軍は住民に対し催涙ガスを噴射、その後続くことになる催涙ガスによる被害の、沖縄最初のケースとなった。催涙ガスの中で最も広く使用されたのはCSガスだが、これは一時的に視力を奪われ、激しく咳き込む症状から、集中的に浴びた場合には、めまい、方向感覚の喪失、呼吸困難を発症する。非常に危険なため、現在、催涙ガスは一九九三年化学兵器禁止条約会議において戦闘での使用禁止が採択されている。

一九四八年に不発弾爆発の舞台となった伊江島では、米軍が村民をだまして土地立ち退きにサインさせようとした。これを拒否した人々は家から引きずり出され、畑はブルドーザーで挽き潰された。伊江島の耕作地は何トンもの砂で埋められ、航空爆撃演習の標的に変貌した。畑を破壊され、自給の道を絶たれ、村民はスクラップとして売るクズ鉄を演習場から集めることにした。一九五九年から一九六一年の間に、少なくとも一一名の島民が米国製の弾薬を集め分解する最中に死傷した。その一人は、二八歳の石川静鑑という青年で、訓練中に爆発した模擬水爆弾によって死亡した。

その他の場所でも、沖縄の人々は戦争の残骸を集め、日米両軍の壊れた兵器をかき集めるクズ鉄拾いを生活の糧とした。これはスクラップ・ブームとして知られている。一九五六年、スクラップの売上は砂糖をしのいで沖縄最大の輸出品となり、月に一八〇万ドルをもたらした。スクラップの大半の輸出先は日本の工場だった。沖縄とは違って、本土の経済は第二次大戦からの復旧が始まっていた。

一九五〇年代末までに、米国政府は沖縄に約一四〇の軍事施設を建設し、島の約三〇%を占有した。その大半が海兵隊用で、日本本土で反対運動が盛り上がったために島に移駐してきたものだった。ここ沖縄で、ペンタゴンは、学校や病院など民生事業は犠牲にして自軍の社会基盤整備を優先した。一九四五年から一九五三年の間に巨大なタンクファーム(貯油施設)とパイプライン(送油配管)網が、那覇、嘉手納、具志川、北谷、普天間に敷設され、軍用航空機、船艦、車両に燃料を補給した。パイプラインは島に張りめぐらされ、住民地域を分断した。その間にも、大きな港湾や桟橋が那覇、ホワイトビーチ、天願桟橋に拡大建設され、物資を運び入れた。このような基盤整備は軍と民間地域の境目を曖昧にするものだった。一九五九年、ある米国の報告は「沖縄の南半分は、数々の基地があるのではなく、一体の軍事基地複合施設と見るべき状態だ」とまとめた。

この近接性のため、軍で環境事故が起これば、民間地域が直接影響を受けた。居住地、主要な農耕地、墓場を押し潰していった基地は、沖縄の生命線たるエコシステム、特に真水の供給源をも占領した。一九五七年に軍が北部訓練場を設置した国頭村と東村が、沖縄の水瓶と呼ばれ、島の飲料水を確保供給するやんばるの水源地であったのは、その一例だ。

南側ではキャンプ・ハンセンが重要河川とダムを包含し、アジア最大の米空軍基地である嘉手納空軍基地は多数の淡水源や井戸の上に居座った。
その他の基地、マチナト・サービスエリア、キャンプ・コートニー、キャンプ・シュワブなどは、沖縄の人々が採る魚や貝、海藻などの不可欠の供給源であった砂浜を独占した。キャンプ・シュワブ沿岸は、沖縄戦中・戦後に収容所に入れられた人々の命の糧を得た場所だっただけに、失った辛さは格別のものだった。

サンフランシスコ条約後に発生した環境事故は、その後に起こる基地被害を予想させるものとなった。米国立公文書館(NARA)の記録によると、一九五七年五月二〇日から六月四日の間に、陸軍燃料タンクからの大規模漏出で、具志川の農地が被害を受けた。一九六一年、やんばるで軍作業員が散布した除草剤が二頭の成牛を殺した。この事故は、米国人世帯に食糧を供給する農地で起きたからこそ調査対象となったことは明らかで、原因はヒ素中毒だとされた。

いっぽう、退役軍人省の文書は、米兵がDDT、ベンゼン、トリクロロエチレン(TCE)溶剤に曝露して病発したことを記録している。沖縄の基地労働者もまた被害を受けた。基地建設では、アスベスト被曝したり、充分な防護装備もないまま殺虫剤、防かび剤などの危険物質を扱う作業に従事した。

## 「沖縄なくして、ベトナム戦争を続けることはできない」

一九五〇年代中頃から、米国は徐々にベトナム戦争に足を踏み入れ、資金、武器、そして数千人の軍事顧問団という代用品を送り込み、腐敗したささえない南ベトナムの政治家たちを支援した。
一九六五年三月、米国はもう充分過ぎるほど介入をエスカレートさせた果てに、ベトナムに最初の戦闘部隊を上陸させた。その一部は、沖縄の海兵隊基地から派兵された。

その四八時間以内に、沖縄の人々は、この新しい戦争による最初の中毒被害を受けている。四二〇名の生徒を抱える宜野座中学校は米軍演習場の近くに位置しているが、三月一〇日、生徒たちは教室で席について昼食をとっているときに気分が悪くなった。まず喉に鋭い痛みを覚え、その後咳き込み始め、呼吸困難になり、涙が流れ落ちた。教員たちは学校からの避難を指示した。外で海兵隊員の一団を発見した教師らが、生徒たちに起こった事態を知るべく尋ねた。だが隊員はこの心配を無視して、子供たちが吸い込んだのは兵器から出たただの煙だと言った。

学校側から三日にわたり要請が続き、当局とメディアはようやく、実際に起こったことを突きとめた。海兵隊の基地で訓練中の兵士が、CSガスを使用し、それが学校に流れ込んでいたのだった。

こうして、米国はベトナムでの戦争にますますのめり込み、カンボジア、ラオスへと拡大、沖縄は、二〇年前の日本本土侵攻計画以来となるような隊員と物資の増強を経験した。ワシントンにとって、沖縄は東南アジアでの戦争遂行にうってつけの位置にあった。敵の攻撃から防御する点で前線から離れており、部隊と物資の中継基地として充分に近い。最も重要なのは、島が軍事植民地で、ペンタゴンは民間から邪魔されずにこれを管理できたことだった。

軍の推計では、兵站の七五％がこの島を通過した。大半が那覇港を経由し、沖縄の人間と米国人の荷役が毎日二四時間働き、米国からの大量の積荷を上げ下ろし、小型船に積み替え、南ベトナムへ出港した。物資を滞りなく流通させることは米陸軍第二兵站部隊の任務だった。嘉手納空軍基地に届く物資もあった。その便数は、一九六五年から一九七三年の間に一〇〇万回を数え、すなわち三分に一便の頻度で毎日二四時間運ばれた。絶頂期には五万人の沖縄の人々が米軍基地で雇用されていた。

沖縄の重要性が高まる一九六五年、米太平洋軍総司令官ユリシーズ・S・グラント・シャープ大将は「沖縄なくして、ベトナム戦争を続けることはできない」と語った。

最高潮に溢れかえった兵員と基地に酷使されたため、沖縄の環境は激烈な犠牲を強いられた。一九六四年頃から、廃油と洗剤がキャンプ・ハンセンから億首川《おっくび》へ流出するようになり、川と沿岸を汚染し漁獲に被害を与えた。キャンプ・シュワブでも、一九七五年六月に基地の下水溝が溢れて付近の湾に流出、漁具の刺網に損害を与えた。

## 燃料、油の大量漏出

この間、沖縄の人々は居住区を走るパイプラインからの大規模な油と燃料漏れに悩まされていた。一九六七年から一九六八年、嘉手納空軍基地が一六カ所の井戸を汚染、一九六八年六月、基地からの汚染レベルのあまりの高さに、地元の井戸から引いた水が燃えた。

第1章で説明したように、燃料は人体の健康に害を及ぼす。ベンゼンやナフタレンなどの成分は臓器に害を与え、軍用に添加される物質がさらに危険を高める。燃料漏れが狭い地域に集中し、井戸水を使用する住民は、神経障害、骨髄や精巣への害、発がん性物質など長期にわたる健康被害に曝された。

一九六八年一月四日、海兵隊普天間飛行場内の燃料パイプが破損し、一六・五ヘクタールの範囲で耕地と水田に浸潤し、収穫を壊滅、二八〇世帯の生活用水を汚染した。また、一九七三年一月一九日にキャンプ桑江で廃油の大規模漏出が発生、沿岸部を汚染し漁獲に被害を与えた。

那覇でも燃料の大規模漏出が何回も起こった。一九七四年六月一〇日、国道三三二号線沿いでパイプの亀裂から一万五一四二リットルの油が垂れ流された。この漏出で、空港に向かう幹線道路が三時間閉鎖され混乱を来している。

一九七四年秋、沖縄初の民選知事、屋良朝苗は米軍へ漏出の苦情を申し立てた。一九七四年九月那覇の米国領事館から発せられた機密電報にその時の米国の反応が表れている。「パイプラインは今や米軍基地の悪事をあげつらう左翼のカタログに登録されてしまった」。

しかし、その後数年間で、屋良の恐れが正しかったことが明らかとなる。一九七六年には大規模漏出は複数回発生した。一月二六日、一万六〇〇〇リットルのディーゼル油が国場川を汚染、一月三一日と六月一日の二度の漏出が宜野湾海岸域に被害を与え、また九月一八日、兵士が誤って天願タンクファームから油と洗剤を天願川に流出させ、耕作地に被害を与えた。

## 手に負えないほどの公害

大規模な油・燃料の漏出のみならず、一九六〇年代から七〇年代の沖縄での米軍基地による公害事件は枚挙にいとまがない。

島に散在する実弾戦闘訓練場だけでも一六カ所あった。たとえばキャンプ・ハンセンでは、ロケット・ランチャー、火炎放射器、大型砲弾の訓練を行った。沖縄の訓練場で発射された弾丸は一発ごとに沖縄の環境に汚染のしみを残した。発射された砲弾、迫撃砲弾にはニトログリセリン、2，4-ジニトロトルエンがしみついており、着弾地点はＴＮＴとサイクロナイトまみれになった。兵員のみならず、訓練場からの雨が流れ込む地域や漁場で暮らす民間人がこれらの有害物質に曝露したのである。小火器訓練も土壌と河川を鉛で汚染した。時をへて、キャンプ・コートニーと嘉手納空軍基地に呪いのように戻ってくることになるこの鉛汚染については、後の章で詳しく述べる。

この時期には、ＣＳガスの流出も繰り返された。一九七二年、知花弾薬庫の二度の事故で複数の米兵と沖縄の基地労働者が負傷、一九七三年一月一一日にはまたしても子供たちが犠牲になった。授業中の読谷高校にＣＳガスが流れ込み数十名の民間人が負傷したのだ。

知花弾薬庫では、沖縄の基地労働者が不発弾の解体に従事していた。その作業は、実弾演習場の汚染と同じく恐るべき物質に曝露するものだった。

また、戦闘のために嘉手納空軍基地から一〇〇万回に上る記録的回数にわたって発進した航空機、海兵隊普天間飛行場から離陸したその他機種は、定期的な補修を必要とした。その作業には大量の溶剤、工業用洗浄剤などの有害物質を用い、米国内と同様、作業員はそれらに曝露し、土壌、川、海を汚染した。

一九六〇年代から七〇年代、沖縄には民間部門の重工業は少なかった。すなわち公害の主な原因は、一四〇カ所以上ある、ゆるい安全基準の下に産業規模で運用されていた軍隊の駐屯地であった。さらに悪いことに、軍は利益を考える必要はなく、兵員はむだを省こうという動機など持ち合わせていなかった。

沖縄に駐留していた退役兵によれば、基地は当時、有害廃棄物で溢れかえっていた。

ジープ、バス、トラックなど数千の軍用車両が、何トンものラジエータ用冷却液、廃油、酸電池のバッテリー液を、那覇近郊の米陸軍マチナト・サービスエリア、日本本土では神奈川県の相模総合補給廠などにあった補修拠点で廃棄していた。マチナトの第七心理作戦班は、ベトナム向けプロパガンダ冊子に使った写真の現像液と印刷機のインクを垂れ流した。嘉手納空軍基地内に設けられた太平洋軍遺体安置所では、最期の帰郷を待つ戦死者の遺体を防腐処理し、余分なホルムアルデヒドは流して捨てた。また、基地内の洗濯所では、数万リットルのドライクリーニング薬剤と洗剤が使用されていた。米国内でキャンプ・レジューンの地下水を汚染したのと同じ物質である。

毒のカクテルに添えられたのは、亜熱帯の貧窮に苦しむ沖縄で第一世界の快適な暮らしを装いたいアメリカ人が欲した化学薬品だった。蚊を殺すため毎週トラックから撒かれたＤＤＴ、軍用・民用の犬をノミから守るマラチオン、基地内住宅の芝やゴルフ場のフェアウェイを維持するための殺虫剤と除草剤などだった。

沖縄の被毒履歴に大いに貢献したのは、東南アジアの戦争に向かった化学物質の双方向の流れだ。戦場に向かう通過だけではない。まちがって発注された補給品、損壊した装備品が沖縄に返送された。その主な保管場所がマチナト・サービスエリアである。枯れ葉剤、殺虫剤、溶剤などベトナムからの有害化学物質が、基地内の海岸線に野積みで保管されていたことを退役兵たちは記憶している。

米国内では、この時期、沖縄で有毒物質がどのように廃棄されたのかを示す記録はほぼ見つからない。しかし、基地労働者と退役米兵へのインタビューで、在沖米軍は米国内と同じ手法を採用したことがわかっている。有害廃棄物は海に捨てる、燃やす、埋める、そして疑念を持たない沖縄の人に売り払う、だった。

　めったに残っていない第二兵站部隊の記録に例をとると、破損した弾薬の海洋投棄が、一九六九年の三カ月間に四回、全部で四七トンぶん行われたとある。次章で見るように、神経ガスも同様に処理された。同じ時期、第二兵站部隊は、四〇一kgの兵器を焼却処分しているが、焼却地より風下の地域にとっては大変危険な慣行である。米国立公文書館に所蔵されていた一九六四年一〇月一日付の写真には、沖縄の海で行われた投棄の様子が記録されていた。「海洋投棄される化学物質」とキャプションが付され、内容物は特定されていないが、任務を遂行する隊員らはガスマスクを着けており、化学物質の毒性の高さを暗示するものとなっている。**【写真2・3】**

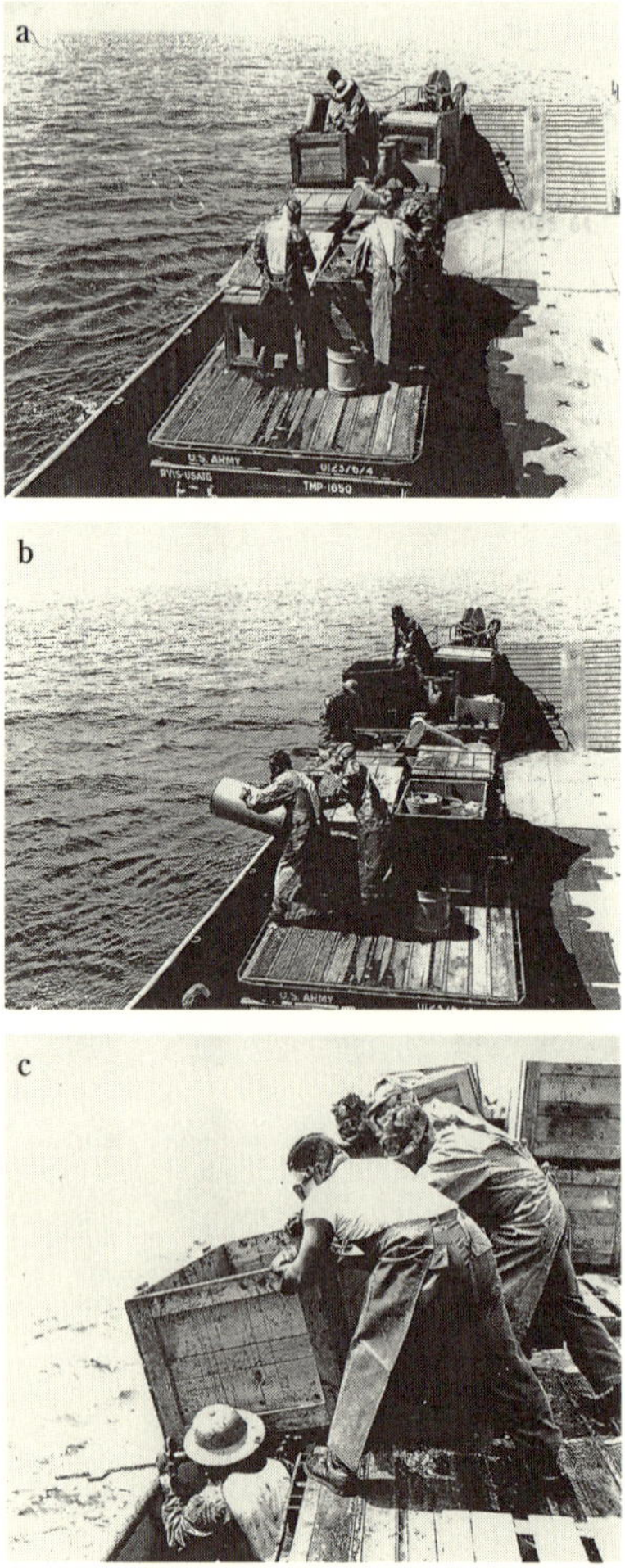


**写真 2. 3a〜c**　1964 年 10 月 1 日付，米陸軍トラックの荷台で陸軍揚陸艇に積み込んだ「化学物質」を海に投棄する男たち．（米国立公文書館所蔵）

埋却もごくありふれたやり方だった。ある兵士は、一九六九年に北谷のＣＩＡ用滑走路の脇に深い穴を掘って破損した枯れ葉剤のドラム缶を大量処分したことを覚えている。「処分するのに一番安上がりな方法だった」とその退役兵は説明した。現在人気の高い観光地は、このゴミ捨て場の上に乗っている。

こうした埋却のさらなる証拠として、一九七二年天願付近の写真には、米軍が処理したテトラエチル鉛（四エチル鉛）の埋却場所が、子供たちと語らう政治家、瀬長亀次郎の姿とともに記録されている。**【写真２・４】**この物質は、かつてアンチノック剤として燃料の添加剤に使用されたが、人間の中枢神経系を破壊し、出生異常、発達障害の原因になりうるものだ。

**写真 2.4**　1972 年，天願の米軍有害物廃棄場付近の瀬長亀次郎(右から 2 人目)と子供たち．(不屈館所蔵)

沖縄の基地労働者、田村進は施政権返還の前年に行われた補給物資の埋却処理の事例を覚えている。キャンプ・フォスターには「コールタール」と書かれた補給物資があり、基地エンジニアの一人がドラム缶を埋却するよう命じられた。

二〇〇二年に土地が返還された後、一八七本のドラム缶が作業員によって掘り出された。ドラム缶の中身は、粘りのある黒い液体で、容器から漏れ出しており、この発見に世間は大騒ぎになった。地元の役場は、形だけの検査をして、無害だと発表し運び出して処分した。

当初、米軍はドラム缶が自分たちのものではないとの主張を試みた。だが、田村の証言により、ようやく責任を認めた。しかし、地位協定の定めるところにより、二〇〇〇万円の浄化費用は全額、日本の納税者の負担となった。無力な地位協定と現行の指針については、第4章で詳しく述べることとする。

ベトナム戦争の間、米軍が余剰の化学物質やその他の装備を処理する最後の手段は、オークション、売りに出すことだった。住民の一人によれば、米軍は枯れ葉剤の在庫品を地元自治体に払い下げ、それは除草作業で散布された。退役兵のなかにも、雑草によく効くとありがたがる地元農家に枯れ葉剤が転売されていたことを覚えている者がいる。

一九七一年、ある民間会社が、軍から除草剤を大量に購入し、その後、南風原と具志頭の土地に廃棄した。薬品はＰＣＰを含有し、国場川に流出、地域の水道水が汚染された。地元の子供たちは腹痛を訴え、三万人の水道供給が停止された。

## 化学物質の漏出

基地内では化学物質の漏出も発生し、沖縄の人々や米国人を負傷させた。一九七三年二月三日、那覇港で、軍契約船に積んだ塩素ガスが漏出、一三人の沖縄の労働者と五人の米国人船員が中毒を起こした。

一九七三年二月二〇日、マチナト・サービスエリアで防錆剤が漏れ、この物質に曝露した日本人作業員は目の痛みを訴え咳き込んだ。一八〇人の労働者が建物から避難させられた。同じ基地で一九七五年八月一二日、工業用洗剤が大規模漏出し、基地労働者が鉛、カドミウム、六価クロムなどの有毒物に曝露した。これらは肺がんの原因となる物質で、安全基準の八〇〇〇倍だったと報道された。

一九七五年八月二五日、那覇の米国領事館はワシントンの国務省に宛てた機密電信で、事件を「空騒ぎ」として一蹴していた。文面には「新聞と左翼がこの事件を我々への反対にうまく利用するだろう」と書かれていた。さらに一九七五年九月三〇日付の機密電信では、基地公害の問題は「沖縄の反米左翼に都合よく使われる」、米国政府は「将来の公害事件に際しては、可能な最善の政治姿勢」で臨むよう心積もりしておくべきだと指摘していた。

このコメントには、米国政府が毒を盛られた人々をどう扱っていたか、その侮蔑的態度が見事に現れている。批判的な発表に対する激しい嫌悪感も見て取れる。いずれの態度も、現在なお続いている。米国当局者は軍事公害にまつわる真実を隠すためにあらゆる手を尽くし、失敗し、報道されるといつも過小評価し、公表した者の信頼を貶めようとするのだ。

本章で見たように、第二次大戦後間もなく、米軍は沖縄をありとあらゆる方法で汚染した。島の土地、水、空気を汚染し、地元の人だけでなく米国人をも病に陥れた。だが、さらに悪夢のような危機があった。沖縄の人々、そして広範囲に及ぶ米軍兵士が気づかぬうちに、秘密裡に保管されていた予想外の大量破壊兵器である。

# 第3章

# 沖縄にあった米国の大量破壊兵器

二七年間の米国占領下の沖縄は、地球上でもっとも集中的に大量破壊兵器が保管された島のひとつであった。一〇〇〇発を超える核弾頭。少なくとも一万三〇〇〇トンの神経剤とマスタード剤。ドラム缶数万本の枯れ葉剤。そのような一九六〇年代、軍は沖縄で人体実験計画「プロジェクト112」を遂行した。また、並行して生物兵器の試験が、少なくとも島内四カ所で実施されている。

こうした兵器が沖縄に保管される一方で、米国人と地元の人々は事故で傷つけられていた。冷戦時代の弾薬の埋却と海洋投棄は、今日も島の環境と住民の健康を脅かし続けている。

## 第二次世界大戦下の生物化学兵器研究

第二次世界大戦以前から戦中にかけて、日本と米国は幅広い生物化学兵器研究の計画を持っていた。日本軍によって兵器転用された病原には炭疽菌、コレラ、化学兵器にはマスタード剤、シアン化水素がある。後者は前章で見た糸満の陸軍壕跡で発見された「茶瓶」の内容物にもあった。これら兵器のいくつかは中国戦線に導入され、数千人を殺戮した。

米国政府の生物化学兵器計画が研究対象とした病疫と毒物は日本のそれとよく似ていた。だが日本と異なり、米国はこれらの兵器を戦闘に導入しなかった。これは主として国際的な非難をかわすためであり、敵軍からの同種の報復攻撃を恐れたからでもあった。しかし、硫黄島と沖縄の戦闘が米国の犠牲数を押し上げると、戦争に対するアメリカ世論の後押しを失い、軍は日本本土侵攻に向けて化学兵器を使用すべきだと確信するようになっていた。

米国の戦争計画立案者たちは、化学兵器と生物兵器の組合せによる壊滅を提案した。東京、大阪、京都その他の主要都市は、シアン化水素、ホスゲン、マスタード剤を浴びることになり、五〇〇万人の死者が推計されていた。加えて、枯死剤の投下によって国内の稲作地の三〇％が破壊され、何万発もの炭疽菌爆弾が国中に疫病を蔓延させることになっていた。

最終的に、これら兵器の開発が不要になったのは、別の大量破壊兵器の実験に成功したからだ。一九四五年七月一六日、ニューメキシコの砂漠で、米軍は世界最初の原子爆弾を爆発させた。一カ月以内に、第二、第三の爆弾が、広島と長崎で爆発し、二〇万人以上の死者と数万人の負傷者を出した。八月一五日、日本政府は降伏し、第二次世界大戦が終了した。

米国はすでに、ソビエト連邦と同様、第三次世界大戦とその先を準備していた。枢軸国権力の降伏に続いて、ワシントンとモスクワは、自陣営の計画開発を目的として、ドイツと日本の軍需専門家の獲得競争をしていた。米国は核計画支援のためドイツからロケット専門家を招き、中国で行った生物兵器の人体実験で得られたデータを交換条件に日本の科学者の戦争犯罪を免責した。

ほどなく米軍は新しい大量破壊兵器を開発、第二次大戦で投入された兵力など比較にならないものとなり、新たな武器庫として、文民にまったく監視されない、稀有な場所に配備した。沖縄である。

## 核兵器の存在

広島と長崎の壊滅を目にした日本では、核兵器に対する強い嫌悪感が支配的となった。この拒否感が再燃したのが、一九五四年に第五福竜丸など日本の数百隻に上る漁船の船員たちが、太平洋上でのアメリカの核実験で発生した放射性降下物によって被曝した事件であった。

米国政府は、核兵器への反対が広まっている日本本土で同種の弾薬を大々的に保有するのは妥当でないと理解していた。そこで、第7章で見るように、米軍は、核兵器を日本本土の港に配備した海軍艦に隠して保有した。だが沖縄の状況は違った。一九五五年米国議会のプライス報告書にはこうある。「ここでわれわれが、原子兵器を貯蔵または使用する権利に対して、何ら外国政府の掣肘《せいちゅう》を受けることはない」。

沖縄における核兵器の存在については暗黙の了解があったが、米国政府は「肯定も否定もしない(NCND)方針」を維持し、配備について数十年間にわたって機密とし、今日もなおその大勢に変化はない。最近になってようやく、過去の最高機密文書が開示され、退役兵の証言と併せて、沖縄の大規模な核兵器とこれにまつわる事故の概要を摑むことができるようになった。

一九九〇年代末、米国の研究者が行ったFOIA(米国情報自由法)に基づくペンタゴンの開示文書によれば、沖縄に最初の核兵器が持ち込まれたのは一九五四年一二月のことだった。続く数年間で、おおよそ一〇〇〇発の弾頭が沖縄に持ち込まれ、那覇空軍基地、嘉手納空軍基地、辺野古弾薬庫などに保管された。

かつては最高機密とされた文書で、一九七八年国防長官室に提出された「核兵器の保管と配備の歴史 一九四五年七月〜一九七七年九月」には、沖縄にあった砲弾や爆弾、ロケットなど一八種の核兵器のリストが含まれていた。**【写真3・1】**

一九五五年七月、たとえば、米陸軍が沖縄に六基持ち込んだ原子砲は、二八〇ミリ小型核砲弾を発射可能、一発が広島型原爆と同規模の破壊力で、三〇kmの射程を持つものだった。一九五五年一〇月二五日、非核砲弾を用いた最初の試験発射では、一五〇m先の学校で五〇枚の窓ガラスが割れ、飛散したガラスで四人の生徒が負傷した。この原子砲で実際に使用する核砲弾は、一九五五年一二月に沖縄に運び込まれた。

同じ時期、オネスト・ジョン・ロケットも沖縄に配備された。これは、核弾頭の他各〇・五kgの神経剤を装填した三五六発の子弾を内蔵できるM134クラスター爆弾も発射可能なものだった。

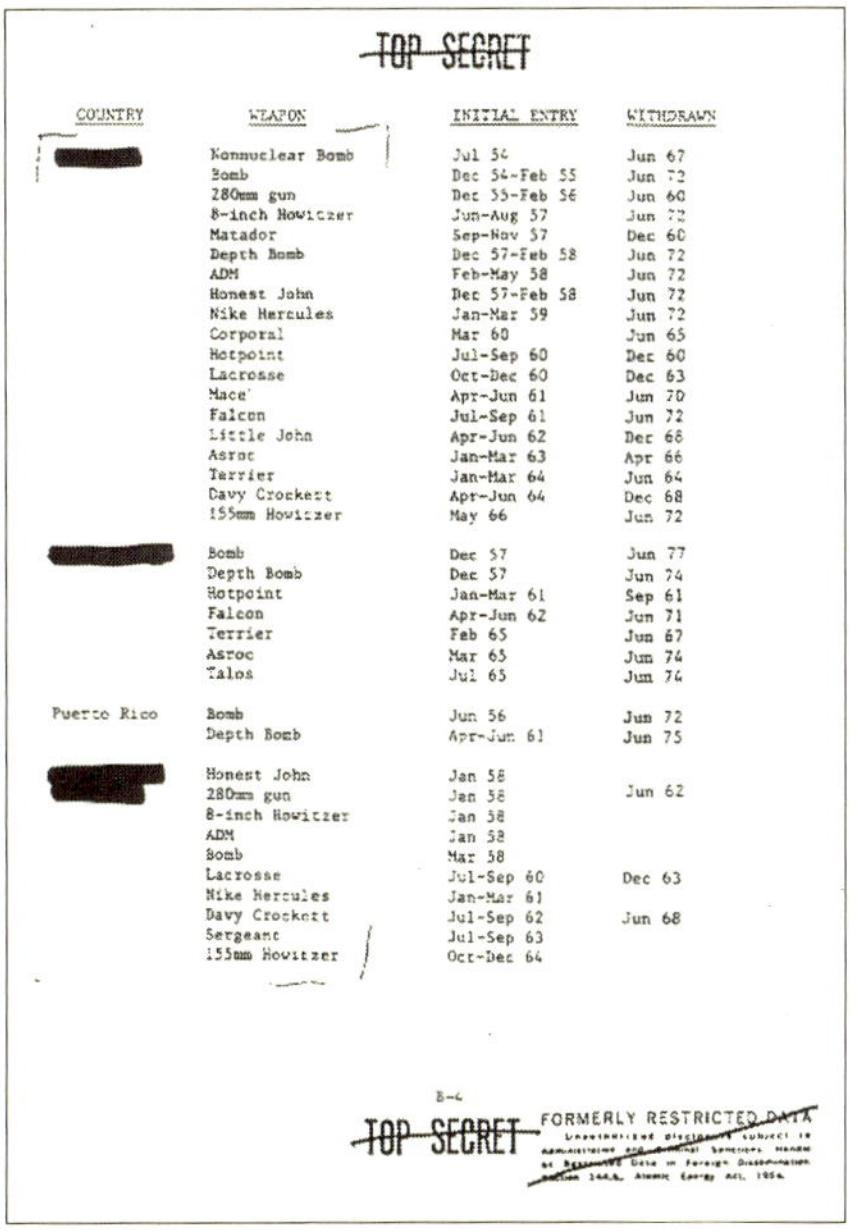
TOP SECRET

| COUNTRY | WEAPON | INITIAL ENTRY | WITHDRAWN |
| --- | --- | --- | --- |
| [redacted] | Nonnuclear Bomb | Jul 54 | Jun 67 |
| | Bomb | Dec 54-Feb 55 | Jun 72 |
| | 280mm gun | Dec 55-Feb 56 | Jun 60 |
| | 8-inch Howitzer | Jun-Aug 57 | Jun 72 |
| | Matador | Sep-Nov 57 | Dec 60 |
| | Depth Bomb | Dec 57-Feb 58 | Jun 72 |
| | ADM | Feb-May 58 | Jun 72 |
| | Honest John | Dec 57-Feb 58 | Jun 72 |
| | Nike Hercules | Jan-Mar 59 | Jun 72 |
| | Corporal | Mar 60 | Jun 65 |
| | Hotpoint | Jul-Sep 60 | Dec 60 |
| | Lacrosse | Oct-Dec 60 | Dec 63 |
| | Mace | Apr-Jun 61 | Jun 70 |
| | Falcon | Jul-Sep 61 | Jun 72 |
| | Little John | Apr-Jun 62 | Dec 68 |
| | Asroc | Jan-Mar 63 | Apr 66 |
| | Terrier | Jan-Mar 64 | Jun 64 |
| | Davy Crockett | Apr-Jun 64 | Dec 68 |
| | 155mm Howitzer | May 66 | Jun 72 |
| [redacted] | Bomb | Dec 57 | Jun 77 |
| | Depth Bomb | Dec 57 | Jun 74 |
| | Hotpoint | Jan-Mar 61 | Sep 61 |
| | Falcon | Apr-Jun 62 | Jun 71 |
| | Terrier | Feb 65 | Jun 67 |
| | Asroc | Mar 65 | Jun 74 |
| | Talos | Jul 65 | Jun 74 |
| Puerto Rico | Bomb | Jun 56 | Jun 72 |
| | Depth Bomb | Apr-Jun 61 | Jun 75 |
| [redacted] | Honest John | Jan 58 | |
| | 280mm gun | Jan 58 | Jun 62 |
| | 8-inch Howitzer | Jan 58 | |
| | ADM | Jan 58 | |
| | Bomb | Mar 58 | |
| | Lacrosse | Jul-Sep 60 | Dec 63 |
| | Nike Hercules | Jan-Mar 61 | |
| | Davy Crockett | Jul-Sep 62 | Jun 68 |
| | Sergeant | Jul-Sep 63 | |
| | 155mm Howitzer | Oct-Dec 64 | |

B-4

TOP SECRET FORMERLY RESTRICTED DATA

**写真3.1** 2行目から19行目までが沖縄に保管された核兵器のリスト．1972年5月の施政権返還を過ぎた後に運び出されたものがあることを示す．（FOIA経由で著者が入手）

一九五〇年代、嘉手納空軍基地に配備されたF-100戦闘爆撃機は、一一〇万トンぶんの高性能爆弾に相当する一・一メガトン水素爆弾を搭載可能だった。この爆弾は一九四五年以後の核兵器に恐るべき技術的跳躍をもたらした目玉だった。嘉手納の爆弾は、広島に投下されたものの七五倍の威力を持ち、半径五km内を

**写真 3.2**　1962 年 4 月，基地は特定できないが沖縄でメース・ミサイルの作業をする技術者ら．（米国立公文書館所蔵）

すべて壊滅し、二〇階建てのビルに相当するクレーターを掘り、その後数十年にわたって一帯の景色を放射能汚染で塗りつぶすものだ。

一九五〇年代に嘉手納空軍基地を訪問した中にダニエル・エルズバーグがいる。当時、核戦争分析官として、軍に対し核兵器配備に関する助言を行っていた人物だ。その後一九七〇年代にエルズバーグは「ペンタゴン・ペーパーズ」を公表した内部告発者として、政府からの訴追をうけることになった。エルズバーグは、二〇一七年に出版した著書『人類最終兵器（原題：ドゥームズデイ・マシーン）』で、嘉手納基地で目撃した危険な作戦について記述している。

それによれば一・一メガトン爆弾はF-100戦闘機に収めるには大きすぎ、沖縄上空で訓練飛行する際には機体の下に括り付けなくてはならなかった。爆弾自体には安全保護装置など特に設けられておらず、つまり、落下の事故や、部分的、または全体的核爆発の危険があったということだ。

さらに、軍は読谷、恩納、ホワイトビーチ、金武の各所に、全三二基のメース・ミサイルの格納設備を建設した。これは一・一メガトン弾頭を備え、二〇〇〇kmの射程距離は、中国、ソ連の極東地域

を攻撃可能だった。【写真3・2】

二〇一一年、私は、これらのミサイルを管轄した米空軍技術者たちに最初のインタビューを行った。沖縄は、核兵器が存在することから、先制・報復攻撃における主要な攻撃目標であったと、全員が認めた。退役兵の一人は、沖縄を「人間の盾」と表現した。

技術者は配備をめぐる機密について語った。たとえば、国防省は「ミサイル」の語を制服のワッペンに使用することを禁じ、兵器自体も、通常は、防水シートで覆い隠した状態でしか移送されなかった。米空軍に残っていた写真が、具志川、現在のうるま市と思われる場所をトラック移送されているミサイルを捉えていた。驚いた通行人が振り向いてこの兵器を見ている。【写真3・3】

写真 3.3　露出したまま民間地を移送されるメース・ミサイルを捉えた年月日不祥の写真.（米空軍所蔵）

沖縄で保有された核兵器のすべてが、沖縄を拠点とした軍による使用を目的としていたわけではない。核戦争の序曲を聴きながら、米空軍は爆弾の一部を日本本土に空輸する「ハイ・ギア作戦」を立案した。これは日本本土の基地に到着後、米空軍機に搭載し、中国やソ連の標的を攻撃する計画である。日本政府は非核の立場を堅持してきたにもかかわらず、米軍は「ハイ・ギア作戦」開始に際して日本政府の許可は必要ないと判断していた。

## 二つの事故

この時、世界は核による破壊を免れたのだが、少なくとも二つの事故、軍の隠語で言う「折れた《ブロークン・》矢《アロー》」によって、沖縄近海に核兵器が投げ込まれた。

この事故を、私は二〇一四年に出版した『追跡・沖縄の枯れ葉剤――埋もれた戦争犯罪を掘り起こす』(高文研、六六―六八ページ)で最初に明らかにした。

一九五九年初頭、米陸軍は最初のナイキ・ミサイル設備を島の八カ所に配備した。一二・六五m長のミサイルは、空から侵攻する敵機を撃墜するよう設計された弾頭を備えていた。

一九五九年夏、退役兵の記憶によると、ミサイルの配備された那覇空軍基地で事故は起こった。弾頭を装備し水平角度に傾けたミサイルに、技術者たちが電気系統の試験を施していたところショートが発生し、エンジンが点火、ミサイルは海に発射された。二人の技術者が噴射の爆風で死亡、一人が負傷した。

この事故は、NHKのドキュメンタリー番組「沖縄の核」で二〇一七年九月に再び取り上げられ、沖縄県は公式調査を要請した。

沖縄で二度目の「折れた矢《ブローク・ンアロー》」は、一九六五年一二月五日に発生した。空母USSタイコンデロガが、東南アジアから横須賀海軍基地へ航行中、パイロットを乗せ弾薬を搭載した航空機が転落、核出力一メガトンのB-43核爆弾もろとも海の底に沈んだ。

ペンタゴンはその後一六年間、事故を封印した。

一九八一年、ついに事故が発覚したことを受けて、米国政府は、事故は陸地から八〇〇km以上離れたところで起こったと主張、しかし後にこれが事実でないことが明らかとなる。海軍文書が事件発生地点を琉球諸島の東一三〇kmと記録していた。

この事故は、米海軍が核兵器を日本に向けて持ち込もうとした動かしがたい証拠を証しているというのに、日本政府はいかなる形式の抗議も行わなかった。

今日、あの爆弾は、那覇空軍基地から誤発射されたと考えられているものと同様、海の底に沈んだままゆっくりと腐食しつつ、放射能漏れを起こしているのかもしれない。また、最悪のシナリオだが、何も知らないトロール船や地殻変動によって引っかき回されるということも起こりうる。

危険は兵器にとどまらない。米軍占領下の沖縄では放射性物質の汚染事故も発生した。ベトナム戦争中、米軍の原潜はしばしば那覇港やホワイトビーチ、そして日本本土の海軍基地に寄港した。一九六八年八月、一艇の潜水艦から放射性物質のコバルト60が那覇港の海水に漏出、ダイバー三人が港湾の底に堆積した物質に被曝し発病したと訴えたことが報じられている。一九七二年五月、コバルト60は再び那覇港、そしてこの時はホワイトビーチの貝からも検出された。

在沖軍の補給任務を管轄する第二兵站部隊の記録に、放射性廃棄物の処理についての記載がある。一九六九年の報告書によれば、廃棄物は「沖縄で発生した、あるいは沖縄に待避させた」もので、「実弾演習」に関係していた。

そこに出てくる用語は、何がこの島の核兵器保管庫の維持に使用されていたかを物語っていた。ブラシ、防錆剤、サンドブラスト、これは塩分を含む沖縄の空気で腐食するのを抑えるため必要な処置だ。米国では、この頃、軍の標準的な管理手順として、廃棄物は基地内に埋却していた。

一九六九年七月一八日付のＣＩＡのメモは、住民の持つ放射能汚染の恐れには根拠がないと切り捨てている。

「根底には広く行き渡った「核アレルギー」があり、日本人は水質の放射能汚染についての恐ろしい記事や、在日・在沖米軍に関するその他の「悪事」をすぐ騒ぎたてる。こうした恐れやいらだちはいつも日本人のなかにあり、ほんの少しの口実さえあれば、いとも簡単に反米分子に都合よく利用される」

## 反故にされた約束

施政権返還に先だって、日本政府は沖縄の人々に「核抜き本土並み」の原則を約束した。だがいずれの約束も反故にされた。沖縄は依然として日本全体の七〇％という不釣り合いな在日米軍基地の重荷を背負い、おまけに、ペンタゴンのファイルによれば、沖縄が日本の施政権下に返還された一九七二年五月一五日、そこには依然として八種の異なるタイプの核兵器が存在した。ミサイル、爆弾、小型核砲弾など、その後ひと月をかけて撤去されるに至った。

だが、米軍の核兵器貯蔵庫としての沖縄利用は、一九七二年で終わらなかった。返還交渉において日本政府は、有事の際は沖縄に核兵器を戻すことに合意していた。一九六九年一一月一七日、日本外務省の田中弘人は、米国政府の国防指南役だったキッシンジャー大統領補佐官に、日本政府は沖縄への核兵器再持ち込みについて「異論はない」と伝えた。

また返還交渉で佐藤栄作内閣総理大臣の特命行使だった若泉敬によれば、一九六九年一一月二一日、日米政府は沖縄に核兵器を戻す密約を交わしたという。覚書によると、「有事の際には」こうした兵器を那覇、嘉手納、辺野古など沖縄の基地に配備することに日本政府は合意したという。

このような約束は、あからさまに日本の非核三原則を毀損しており、また、日本政府が、施政権返還後も、他では許されないことができる場所として、沖縄を扱うつもりであったことの表れなのである。

## 生物兵器試験とプロジェクト112

ペンタゴンが沖縄で核弾頭を装填していた同じ時期に、そこでは生物化学兵器の試験も行われていた。ときにそれは自軍の隊員に対しても行われていた。

フォート・デトリック生物化学兵器研究所の報告書によると、一九六一年五月から一九六二年九月の間に、軍の科学者が生物兵器実験を沖縄で実施した。実験には、イモチ病という稲作地を丸ごと枯死させる菌の一種で、流行すると地域全体の収穫が打撃を受けるものもあった。イモチ病を含め少なくとも一一種の試験が、首里（那覇市）、石川（現在のうるま市）と名護で実施された。実験は、東南アジア諸国の食糧生産を壊滅させるという軍の研究の一部で、ゆくゆくは戦場で実戦に投入することが想定されていた。

同じ時期に枯れ葉剤が沖縄で使用されたことも明らかである。二〇一一年に『沖縄タイムス』のインタビューに答えた軍高官によれば、一九六〇年から一九六二年の間にやんばるのジャングルで試験が行われたという。

「噴霧から二四時間以内に葉が茶色く枯れ、四週間目にはすべて落葉した。週に一度の噴霧で新芽が出ないなどの効果が確認された」。高官はこのように語ったと報道されている。

一九六二年には、米軍はプロジェクト112の指揮下で沖縄でも作戦を実施している。

国防省が「生物化学戦の脆弱性試験」と表現するプロジェクト112は、そうと知らせないまま、世界中で数千人の米兵にサリン、VXなどの物質に被曝させるものだった。計画は一九六二年から一九七四年まで実施され、その後数十年間もペンタゴンはその存在を否定した。それでも人体実験の対象にされた人々の深刻な病状という証拠を前に、計画を認めざるを得なくなったのは、二〇〇〇年のことである。二年後、連邦議会は、プロジェクト112の被験者とされた米兵のリストを作成するようペンタゴンに命じた。

二〇一二年、私は、米国退役軍人省につながりのある職員のA氏(氏名は伏せておく)と接触した。A氏は報復を恐れつつも、ある機密報告書を提供してくれた。沖縄がプロジェクト112の現場であったことを示すもので、私はすぐに、犠牲者のひとりの足跡を辿ってみた。

内部告発者からの提供文書によれば、米軍は沖縄のプロジェクト112拠点を、早くとも一九六二年一二月には運用していた。拠点は第二六七化学小隊という名称の米陸軍部隊が管轄し、米陸軍知花弾薬庫に置かれた。

報告書によれば、三六名のこの小隊は、来沖前はデンバーにあるロッキーマウンテン兵器廠で訓練を受けていたという。この場所がペンタゴンの主要な生物化学兵器施設のひとつで、今日この惑星一の猛毒エリアと呼ばれているのは、第1章で見た通りだ。

国防省が作成したプロジェクト112試験の被曝者名簿には、ドン・ヒースコートの名前があった。一九六二年にキャンプ・ハンセンに駐留した元海兵隊員だ。彼のプロジェクト112ファイルは、「複数の容器から噴霧」と記されている。

ヒースコートは、被験状況をはっきりと覚えている。約一カ月、北部訓練場に配属され、色で識別されたドラム缶から取り出した化学薬品の試験を命じられた。安全装備もなく、上官による徹底した監視の下で、彼は繰り返し、異なる物質による除草剤噴霧を行った。

化学薬品はジャングルを大規模に枯死させたと、ヒースコートは語った。同じ被害が彼自身の健康にも及んでいた。

「帰郷するとすぐ、鼻のポリープ摘出手術を受けた。医者が取り除いたポリープはカップ一杯になった。診断は化学薬品への被曝に関連する気管支炎と副鼻腔炎だった」

同じ時期の沖縄で同様の噴霧試験を記憶している他の海兵隊員たちにも、肺の瘢痕化などの慢性呼吸器疾患、パーキンソン病を含む神経疾患が残っている。

そのうちのひとり、ジェラルド・モーラーは、一九六一年キャンプ・コートニー付近の除草後の森での勤務を命じられて間もなく、重篤な病を発症した。

「私たち海兵隊員は沖縄でいけにえとして利用されたと私は思う」、モーラーは二〇一二年四月のインタビューでそう語った。

翌年、彼は亡くなった。だが米国政府は依然として彼と彼の同僚兵らをこの島で人体実験に曝した責任を認めていない。

## 沖縄の化学兵器

沖縄への化学兵器の配備は、核兵器保有と同様の徹底した機密の下に実施され、現在も機密のまま、意図的に不透明なままにされている。だが、核計画と同様、機密解除された文書と退役兵の証言とを組合せることで、この島で行われた米国化学兵器計画の詳細を再現することができる。

米陸軍は一九五三年に初めて化学兵器を沖縄に持ち込んだ。この時は小規模なマスタード剤であったが、翌年にはサリン剤を運び込んだ。

一九六一年、統合参謀本部は太平洋軍最高司令官(CINCPAC)に対し、一万六〇〇〇トンの化学兵器を沖縄に保管することを認可した。一九六三年、一万一〇〇〇トンの猛毒が沖縄に二隻の船で運び込まれ、陸軍知花弾薬庫に保管された。さらに一九六五年の搬入により、沖縄全体が保有する化学兵器は一万三〇〇〇トンに達した。機密解除された米陸軍報告書によると、この三度の輸送の内容は精製マスタード、サリン、VX剤であった。大容量を詰めた一トン入りドラム缶以外にも、爆弾、地雷、四・五kgの神経剤を内包する二m長のM55ロケットなど、すぐに使用可能な兵器類があった。

一万三〇〇〇トンは終末論的というべき量だ。一リットルのVX剤は、理論的には一〇〇万人の人間を殺戮可能であり、すなわち島には、地球上の人間すべてを何度も殺戮するのに充分な量の神経ガス剤が存在したのである。

退役米兵や沖縄の基地労働者が、知花に保管された化学兵器の状況を詳述している。弾薬は丘陵地に埋設されたバンカーに格納され、初動警報システムとして一帯には放し飼いのヤギ、檻に入れたウサギが飼われていた。死によって漏出を検知してくれると、軍は期待したのだ。

このエリアをパトロールする軍警備員は、神経剤を解毒するアトロピン入り自動注射器を支給されており、被曝が疑われた場合はすぐに自分で注射するよう命じられていた。化学兵器のサンプルを詰めた小さな試薬は、部隊がそれらの物質の発現を特定できるよう訓練でも使用された。

米空軍によると、知花弾薬庫の化学兵器は、米国での試験のため、島から飛び立っている。たとえば、一九六九年三月二七日には、二五基のMC-1爆弾が各一〇〇kgのサリンを充填して、知花から嘉手納空軍基地へ牽引車で運搬された。報告書によると、通過地の民間人を避難させることもなく、地元役場への危険通報も行われなかった。爆弾は嘉手納に到着後、ハワイ経由でダグウェイ実験場の野外実験に使用された。その一年前、一九六八年三月一三日には神経ガスで少なくとも六〇〇〇頭の羊が死んだと報道された、第1章で見たあの施設である。

沖縄自身が、ほどなく、その猛毒の危険を実体験することになる。

## レッド・ハット作戦の嘘

一九六九年七月八日、知花弾薬庫のアメリカ人労働者が二二七kgのサリン爆弾の定期補修を実施中に、漏出が発生した。二三人の兵士と一人の米民間人が病院に収容された。軍は事件を公表しなかったが、事態はウォール・ストリート・ジャーナル紙記者に発覚し、その記事が世界の一大ニュースとなった。

化学兵器が生活のど真ん中に保管されていたという報道に、当然ながら沖縄の人々は烈火のごとく怒った。ＣＩＡ職員はまたもや、ネガティヴな評判がもたらす危険性に悩まされることになった。「日本人左翼は、集会にうってつけの口実探しで困っているところだった。この事件で街宣車を走らせたくてたまらないだろう」、ある報告書には、そう書かれていた。

ワシントンは、事態をより深刻に受けとめた。リチャード・ニクソン大統領はアメリカの化学兵器製造終結の宣言を迫られ、米国は以後、現存保有兵器を報復の場合にしか使用しないと誓った。沖縄の怒りをなだめるため、米国政府は、すべての保有化学兵器を島から撤去すると約束した。

ペンタゴンの公式記録によると、軍の化学兵器撤去計画「レッド・ハット作戦」は大成功を収めた。一九七一年一月、作戦のフェイズⅠ（第一次移送）では、九台のトレーラーで化学兵器が知花から天願桟橋へ搬送された。そこで船に積まれ、武器の保管と最終処分地として用意された太平洋の小島、ジョンストン島に移送された。

一九七一年八月、レッド・ハット作戦フェイズⅡ（第二次移送）が開始された。三八日間をかけて、さらにトレーラー一二一三台分の弾薬が、運ばれた。

ペンタゴンによれば、唯一の事故は、Ｍ55ロケットのパレットが一二ｍ下の船倉に落下したことだった。酷い損傷にもかかわらず、漏出なしと認めた。

しかし退役兵の説明と科学的データが示しているのは、レッド・ハット作戦中に起こった出来事について、米軍は正直ではなかったということだ。

最初の嘘は、知花の最初の漏出への対応である。退役兵によると、損傷した弾薬は海洋投棄されたという。それが当時の標準的な手続きだった。

元隊員は、一九六九年秋に大量の化学兵器を知花から天願桟橋にトラック輸送したことを記憶している。「料理人、補給事務員も総出で、交通任務のMPは交差点や護衛に配置されました。全員がアトロピン訓練を受け、ガスマスクを支給されました」、あるMPはそう回想した。

いっぽう米陸軍の荷役担当者も、同じ輸送車列のことを覚えており、化学兵器は大型の金属管容器に収納されていたという。ガスマスクと緊急用解毒注射器を支給された彼は、兵器に同行して天願桟橋から沖縄沿岸を出発、数時間航行し不明の海域まで運んだ。

その後起こったことを彼は次のように説明している。

「ウィンチを使って容器を船倉から引き上げ、大型のフォークリフトで船から落とした。どのくらい投棄したか覚えていないが、たくさんあった。始まって一五回、二〇回から後は、もう数えるのをやめた。全行程を終えるには四八時間かかった」

当時、沖縄の新聞記者も基地内で同じ話を耳にしていた。だが詳細を尋ねようとすると、情報提供者は、仕事を失うのが怖いと口を閉ざした。

第1章で述べたように、冷戦の最中、米軍の科学者たちは、化学兵器は海洋投棄で無害化できると見ていた。これは間違いだった。何度も投棄された毒が沿岸の居住地を脅かした。日本だけでも、第二次大戦時の化学兵器海洋投棄で、数十人が負傷し一一人が死亡している。

現在では、米国モントレー研究所の化学兵器廃棄の専門家が、化学兵器の金属容器は海水下で五〇年を経過すると、腐食により亀裂が生じると試算している。沖縄沖で投棄された弾薬は、現在、安全性の限界点に達していることになる。

研究所によれば、サリンとVX神経剤は海水中で長期の耐性があると考えられている。さらにマスタード剤は、海水に接触すると固い外殻を形成し、製造時と同様の毒性を保つ。

## さらなる化学兵器事故

米国占領下の沖縄に話を戻そう。軍が島に保有した化学兵器の撤去を完了するまでに、さらなる二度の漏出が発生していたことは明らかである。一九七〇年一二月、知花弾薬庫近くの瑞慶山ダム（現在の倉敷ダム）で、数名の沖縄人労働者が目と喉を負傷した。駐屯地内部での事故によるのではないかと疑われる。

さらに一九七一年六月の漏出で、三人の米兵が負傷した。そのうちのひとり、リンゼイ・ピーターソンは、レッド・ハット作戦の作戦小隊長であった。VX搬出用の一トン容器を準備中、少量の内容物が縁から漏出した。

「検知用のウサギが一羽死に、私は筋収縮を起こしました。私たち三人は大急ぎで知花の診療所に搬送され、治療のため一晩をそこで過ごしました」と、ピーターソンは説明した。

ピーターソンはまた、米軍が、日本政府への通告なしに化学兵器の試薬キットを処分した様子も明らかにした。キットにはそれぞれ、小さな薬瓶に入った四八種の窒息・びらん性剤が入っていた。軍は島で埋却したか海洋投棄したとピーターソンは主張している。

58

沖縄における化学兵器の調査について、米軍は例によって無視を決め込んだ。一九九九年、科学者たちが遅まきながらもレッド・ハット作戦で使用されたコンテナを調べ、軍の公式説明にない兵器の痕跡を発見した。ルイサイトである。マスタード剤よりも強力なびらん性兵器として配合されたルイサイトは、止まらない嘔吐などの初期症状に加え、呼吸器への長期傷害や失明を引き起こす。ルイサイトの海洋投棄は、海底に沈められたあと何年も経過した後でも、危険水準の魚のヒ素中毒と関連付けられている。

複数の退役兵の証言によれば、米軍がレッド・ハット作戦で沖縄から運び出したものにはこれらとは別の化学兵器がある。枯れ葉剤だ。

米特殊作戦隊グリーンベレーの退役兵の一人は、一隻の船倉にドラム缶数百本の枯れ葉剤を積み込むのを目撃したことを覚えている。また一九七二年にジョンストン島で化学兵器を積み降ろした退役米兵は、同じドラム缶を目撃したことを回想している。「レッド・ハット作戦には除草剤も含まれました。私は五五ガロン(約二〇八リットル)入りのドラム缶を見ました」。

レッド・ハット作戦に関わった多くの退役兵は作戦中のこの化学物質への被曝で病気になった。

## 沖縄の枯れ葉剤

一九六二年から一九七一年にかけて、米軍は、敵が潜伏するジャングルと食糧を破壊する目的で、七六〇〇万リットルの枯れ葉剤をベトナムと近隣諸国に散布した。空からは航空機やヘリコプターで、地上ではトラックや手動のポンプを使用して撒かれたのは、一二種類の枯れ葉剤で、多くは保管したドラム缶の表面に塗った帯の色で識別された。エージェント・ブルー、ピンク、そして最も広範囲に使用された、オレンジなどである。

米国政府は、枯れ葉剤はいずれも安全だと主張したが、実際には数々の有害物質、ヒ素化合物、カコジル酸、そしてダイオキシンの2,3,7,8-TCDD(テトラクロロジベンゾ・パラ・ダイオキシン)が含有されていた。WHO(世界保健機関)はダイオキシンを「高い毒性があり、生殖障害、発達障害、免疫系損傷のほか、ホルモン作用を妨げ、がんの原因となる」としている。

米軍が使用した枯れ葉剤の六五%程度は、TCDDを含有した。それは被曝した者の三分の二に起こった恐るべき出生異常の引き金となり、ダイオキシンの中毒症状は場合によっては孫の世代にも見られる。今日、ベトナムには、約三〇〇万人の枯れ葉剤による患者がおり、米軍、韓国軍、オーストラリア軍の数十万という兵士たちもまた、重い病を患っている。

米国政府はベトナム以外では、米国とタイ、朝鮮半島非武装地帯、カナダの米軍基地で枯れ葉剤を散布したことを認めている。

米軍占領下の沖縄に持ち込まれた大量破壊兵器のなかで、枯れ葉剤の衝撃はおそらくもっとも深刻だ。米国政府は沖縄で枯れ葉剤に被曝した兵士の総合的データを開示拒否しているが、ごく限られた記録が、退役軍人省のウェブサイトで公表されている。少なくとも二〇〇人の重篤な退役兵患者が登録されており、控え目に推計しても実際の人数は数千人に達するだろう。

ベトナム戦争中に沖縄に駐留した隊員によれば、枯れ葉剤は、その他の軍需物資と同じように、定期的に那覇港に到着し、一時的に保管されるか、マチナト・サービスエリアで保管するため搬送された。ドラム缶の大半は、再び輸送されベトナムに向かった。

残ったドラム缶は、沖縄の基地に留まり、フェンスの区画や滑走路を除草する目的で噴霧された。枯れ葉剤はうっそうと茂る雑草を枯らすのに好んで使用される方法だった、機械を使う場合と違って不発弾に触れず、管理兵はハブにも遭わずにすんだ。当時の隊員は枯れ葉剤を人体に無害なものだと確信していたのだ。

退役米兵によれば、枯れ葉剤は少なくとも沖縄の一五カ所の基地で保管、噴霧、廃棄された。米海兵隊岩国飛行場で散布したと証言する退役兵もいる。

枯れ葉剤を大規模に保管した基地のひとつが嘉手納で、最新のコンピュータ在庫管理システムが一〇〇本以上のドラム缶を目録管理していた。エージェント・オレンジに関する一九七一年米陸軍報告書は、この嘉手納の除草剤在庫について特記していた。

キャンプ・シュワブもまた、一〇〇本以上のドラム缶を保管し、シュワブのほか北部訓練場にも散布していた。退役兵は、ドラム缶はしょっちゅう漏出し付近の大浦湾に流れ込んでいたと言う。住民のなかにも、この化学物質のせいで、地元のモズク産業が破壊されたと考える者があり、二〇一一年一一月に私が名護市内で行った講演の際には、そこで採れた貝を食べた人が枯れ葉剤のせいで病気になったのではないかとの懸念の声も上がった。

名護の稲作地の生物兵器実験、辺野古弾薬庫の核兵器保管などを考えれば、広島と長崎を例外として、沖縄は日本のどの場所よりも米軍大量破壊兵器の重い負担を強いられていたと言える。

一九六八年七月二一日、沖縄の子供たちがこの枯れ葉剤の犠牲となった。

この日、那覇の子供たちの一団が、具志川に海水浴に来た。海に入るとまもなく、肌が焼けるようだと騒ぎ出した。腫れ上がった唇、しみる目や切り傷を抱えて病院に駆け込むと、何人かはひどく火傷を負っていて入院を余儀なくされた。全部で二三〇人以上の子供たちが負傷した。

当時、地元メディアは枯れ葉剤による事故原因を疑っていたが、米軍は認めなかった。四〇年以上が過ぎて、琉球朝日放送のディレクター島袋夏子と私は、はっきりとした証拠の痕跡を追った。子供たちが火傷を負った頃、海岸線一帯に枯れ葉剤を噴霧したという米兵にインタビューを行った。彼の証言は、同時期に付近でオレンジの帯のあるドラム缶を目撃したという沖縄の基地従業員によって裏付けられた。

同じ時期、多数の奇形のカエルが付近の水田でみつかっている。

一九六九年のＣＩＡ報告書には、例によって人体の安全よりも体裁を気にする態度が露わだった。具志川事件は「病状が比較的軽かったことや、原因を特定できなかったこともあって深刻な反撃もなく収束した」。

## 米国で禁止された枯れ葉剤の行き先

第1章で説明したように、米政府が一九七〇年に枯れ葉剤の大半を使用禁止としたため、米軍は一九七一年に、何年もの間その危険に気づいていながら使い続けていた、枯れ葉剤使用の断念を迫られた。危険性を指摘した最高機密のメモを入手した環境団体がメディアにリークしてからやっと、政府は圧力を受けてその使用を禁止したのであった。

突然の禁止は、軍隊を混乱に陥れた。残された膨大な在庫の処分という緊急事態である。米国立公文書館の記録によると、これらの枯れ葉剤の一部は日本本土に向かったと見られる。たとえば、一九七二年頃米空軍は二〇本のエージェント・ブルーを青森県三沢空軍基地に移送する許可を出している。ただしじっさいに到着したかどうかを示す記録はみつかっていない。エージェント・ブルーは米軍がベトナムで食糧生産を破壊する目的で使用したものだ。主成分はカコジル酸というきわめて毒性の高い化学物質で、内臓を損傷し発がん性を有する。

ただし、重荷を背負ったのはまたしても沖縄だった。二万五〇〇〇本、五二〇万リットルのエージェント・オレンジが、ベトナムから島に返送されたのだ。米陸軍予算で作成された報告書によれば、その後一九七二年、沖縄からジョンストン島、すなわちレッド・ハット作戦の化学兵器と同じ行き先へと搬送された。

米国政府の禁止は、除草剤の害から人体の健康を守ることが目的だった。しかし禁止から二年後、軍は伊江島で平和的に抗議する農民に対してこれを使用した。

一九五〇年代の農地接収以来、地元住民は非暴力行動で土地使用を取り戻し、それ以上の島の軍事化を食い止めていた。一九六六年、人々は伊江島へのナイキ核ミサイル配備を阻止している。この勝利は米軍にとっては頭痛の種だった。

一九五〇年代から六〇年代にかけて、米国施政権に対抗して、伊江島の農民は駐留地の周囲で作物を育て続けた。時には軍がガソリンを使って畑を壊滅したが、村民たちは奪われた土地で耕作する権利を諦めることはなかった。

一九七三年九月二八日、米軍は新たな手段に出た。除草剤を耕作地に撒いたのだ。少なくとも二〇〇㎡が被害を受け、農家は付近の浜が汚染されたのではないかと恐れた。無論、自分たちの健康にも害があったのではないかと心配した。

## 国際法と人権の射程外

言うまでもなく、米軍は枯れ葉剤の使用について一切の説明をしていない。沖縄は結局、他では不可能なことができる場所、国際法と人権の射程外の島なのだった。

このような犯罪性は、米軍の枯れ葉剤使用の歴史に通底する。何十年も、偽情報を流す作戦の執行によって健康への影響を過小評価し、今日なおダイオキシンに毒された数百万人のベトナム人への支援を拒否している。長く続いた世論の圧力の果てにようやく、タイや朝鮮半島非武装地帯での枯れ葉剤散布を認め、一九九一年以降、被曝した自軍の隊員に対しては、後ろ向きながらも補償を行っている。

ＣＩＡは沖縄における枯れ葉剤使用を取り上げた私の執筆活動を詳細に監視していた。ＦＯＩＡで私が取り寄せた当局文書記録によれば、私の文章は二〇一一年八月以来、ＣＩＡが運用する「オープン・ソース・センター」に登録処理されるようになっていた。全文は開示されていないものの、タイトルから退役兵へのインタビューや二〇一一年に名護市で行った講演に関するものだとわかる。

私は米国政府のしかけた嘘つき作戦に飲み込まれていった。二〇一三年二月、沖縄における枯れ葉剤に関する私の追及に対して、ペンタゴンは私の仕事の信頼性を失わせるべく調査報告書を発表したのだ。さらに国務省と日本の外務省職員が出席したワシントンＤＣの会議で、米国政府は、私の調査は不正確であり沖縄における枯れ葉剤の証拠はないと発表した。

ペンタゴンの二〇一三年報告書は、手抜きの汚い仕事だった。報告書の著者は一度も沖縄を訪問せず、環境試験も行われなかった。退役米兵への聞き取り調査は誰にも行われず、それがかれらを大いに怒らせた。さらに、著者は、過去の自分の調査が、枯れ葉剤製造業者の資金提供によっていたことを公表しなかった。これは重大な利益相反行為であった。

じっさい二〇一三年報告書は、米連邦判事でさえ棄却するほど厚顔な隠蔽工作だった。ゆっくりだが着実に、沖縄で枯れ葉剤に被曝した退役兵への補償が認定されるようになっていったのである。たとえば二〇一三年一〇月、退役軍人省は前立腺がんの元兵士の救済を認定した。彼は一九六七年から六八年の間に、嘉手納基地との往復輸送、そして北部訓練場での散布の際に、枯れ葉剤に被曝した。

別の退役兵は、那覇軍港で一九六八年から一九七〇年に服務し、漏出するドラム缶の枯れ葉剤に定期的に被曝、その結果、彼は二人の同僚とともに二型糖尿病を発症した。二〇一六年、この退役兵が補償を勝ち取ったとき、最初の救済申立から一二年以上が経っていた。

ごく最近では、二〇一七年八月、一九七二年から一九七三年の間に駐留していた兵士の残された妻が、夫の肺がんによる死に対して政府の補償を勝ち取った。この事例で判事は、彼女が求めた亡夫への賠償を認める判断を決定づけたとして私の調査に言及していた。

## 沖縄の枯れ葉剤埋却

第1章と第2章で見たように、冷戦期まで、米軍は有害廃棄物を埋却処分していた。一九七一年の米陸軍手引書《マニュアル》ではたとえば、「[エージェント・]オレンジの使用済み容器や使い残しは深い穴に埋却する」と指示していた。

埋却は沖縄のいたるところで行われたと退役兵は言う。それが数年後、偶然掘り返されるのだ。

一九八〇年代初頭、クリス・ロバーツ中佐は、米海兵隊普天間飛行場で管理部門長を担当していた。一九八一年のある日、彼の上官が問題を知らせた。基地内の排水溝から民間地域に流れ出している雨水が、危険なほど高い数値の化学物質を示したということだった。ロバーツはこの状況を改善するよう命じられた。

問題の場所を掘削中、ロバーツは彼の米国人部下や沖縄の労働者とともに、ドラム缶一〇〇本もの埋却物を発見、そのうちの一部は、中央にオレンジの帯が付いていた。

ロバーツの上官は、他の隊員に対して辺り一帯を立入禁止とし、沖縄の労働者にはドラム缶をトラックに積んで基地外の不知の場所へと搬出するよう命じた。

上官の反応に強い疑念を抱いたロバーツは現場の写真を撮ることにした。そこには、若い海兵隊員が防護装備どころかシャツすら着ずに、深い穴からドラム缶を吊り上げている様子が写されていた。

**【写真3・4】**

この時の任務が原因で、ロバーツは心臓疾患、前立腺がんなどの重い病に冒された。二〇一五年八月一〇日、米国政府は彼に補償を認定したが、彼の同僚海兵隊員や沖縄の労働者、そして汚染水が流出した地域の住民に対しては連絡を取ろうとはしなかった。

普天間のドラム缶の一件で軍は、ドラム缶を別の不知の場所に動かすことで証拠を隠しおおせた。しかし次の件では、不祥事を隠蔽するチャンスはなかった。

二〇一三年夏、作業員たちが沖縄市サッカー場の芝生にスプリンクラーシステムを埋設していた。嘉手納空軍基地のすぐ外側に位置するその土地は、一九八七年に民間の管理地に返還された基地提供区域の跡地であった。

ピッチ下を掘削していた作業員は多数の錆びたドラム缶を発見した。いくつかには軍用枯れ葉剤を製造した会社のひとつ、ダウ・ケミカルのロゴが型染めされていた。目撃証言によれば、それらドラム缶は一九六四年頃、米軍が埋却したものと思われた。

その後数カ月で、発掘されたドラム缶は一〇八本になった。

そのいくつかに、軍用枯れ葉剤の主要な三つの成分が含まれていたことが試験によって明らかになった。2，4，5-Tという除草剤、そしてダイオキシンの2，4-Dと2，3，7，8-TCDDである。周辺の水質は安全基準の

**写真3.4** 1981年，普天間飛行場から海兵隊員が掘り出した化学物質のドラム缶.（クリス・E・ロバーツ所蔵）

**写真 3.5**　2016 年 11 月，沖縄市のダイオキシン廃棄場所で除去作業を行う作業員．（著者撮影）

二万一〇〇〇倍の水準でダイオキシンに汚染されていた。

ドラム缶は、ＰＣＢ、ＰＣＰとヒ素も含んでいた。危険性の高い溶剤ジクロロメタンは、安全基準の四五万五〇〇〇倍というレベルで検出された。

二〇一三年八月、沖縄の調査を担当した本田克久愛媛大学教授は、以前調査したベトナムの耕作地に似た汚染のパターンであると語った。

二〇一四年一一月、私はベトナム枯れ葉剤支援グループのメンバーと共に沖縄市の廃棄場所を訪れた。メンバーの一人が、ベトナムのダイオキシン重大汚染地点《ホットスポット》と同じような臭いがすると言い、安全規制が敷かれていないことにも脅えていた。労働者はほとんど防護装備を身に付けず、現場からすぐ横の渋滞する道路へ飛散するほこりを防御するのはメッシュのスクリーンだけだった。【写真３・５】

ドラム缶発見に対する米軍の反応は予想通りだった。最初はドラム缶が自分たちのものではないと否定を試みた。そして除草剤とダイオキシンが発見されると、科学者の一人が、台所のゴミに由来するのではないかという噴飯物の推測を廻らせた。嘉手納空軍基地の責任者は、有害廃棄物のドラム缶を無害なトマトソースの空き缶にたとえてみせた。

隠蔽工作は、兵士らに向けて発表されたアナウンスでさらに悪質になった。いわく、ダイオキシンは塩素挫創という皮膚病の原因となるだけで、「それ以外の人体への健康被害は証明されていない」としたのだ。これは、ダイオキシンが「がん、出産障害、発達障害、神経系の損傷の原因となる可能性があり、ホルモンのはたらきを妨げる可能性がある」というEPAのデータと矛盾している。

このサッカー場でプレイした数え切れない沖縄の子供たちの健康を危険に曝すと同時に、汚染はアメリカの子供たちの健康も脅かしてきた。廃棄場所に隣接するのは、嘉手納空軍基地管理地にある初等学校だった。

軍歴への影響を恐れて、匿名の条件で、親たちは子供たちの間に広がった深刻な病状を語った。子供たちの症状には、がん、自己免疫疾患、呼吸器や神経の疾患などがみられた。全員が、一九九九年から二〇一三年の間に、この学校に通うか、その校庭で遊んだ子供たちだった。

記録に残ることをもいとわず声を挙げた勇敢な親の一人が、テリシャ・シモンズである。

シモンズと家族は二〇一一年から二〇一二年に嘉手納空軍基地に駐屯した。沖縄に来るまでは誰一人、深刻な病歴などなかった。島に滞在した期間中、息子の一人が脳に嚢胞腫を、娘が骨腫瘍を発症した。シモンズ自身は下垂体腫瘍のほか複数の診断で三五歳にして子宮を摘出した。

シモンズの子供たちはダイオキシン廃棄場所の近くにあった学校のひとつに通学し、日常的にその校庭で遊んでいた。だが軍はシモンズ家族の健康問題やその他の子供の病状を調べていない。

「嘉手納の当局者たちはずっとこの汚染について知っていた。しかし極秘にしておくためにできることは何でもするでしょう」とシモンズは言った。

一〇八本のドラム缶と汚染土壌が除去された後、サッカー場全域はコンクリートで埋め固められ、駐車場になった。

沖縄に足場を持つ「インフォームド・パブリック・プロジェクト」(IPP)の調べによると、二〇一三年から二〇一六年の浄化作業にかかった費用は九億七九〇〇万円に上り、現在までに知りうるなかで最も高額の環境被害回復措置のひとつとなっている。アメリカ政府はびた一文払わず全額を日本の納税者が支払った。

# 第4章

# ひび割れた法制度、毒入りの土地返還

一九七〇年代、米国は環境問題に関する世論の覚醒を経験し、その一〇年間で政府は重要な環境保護《グリーン》政策を導入した。ＥＰＡ（米環境保護庁）の創設、大気と水を汚染から守る国内法などである。同時に、人々は軍隊がいかに酷く人間の健康と環境を破壊しているか気づきはじめた。これに寄与したのは二つの神経ガス事故、数千頭の羊を殺戮したダグウェイと、二〇名を超える米国人が負傷した沖縄の事件だった。さらに、ペンタゴンが隠蔽していたベトナム戦争の枯れ葉剤が持つ毒性の曝露がこれに加わった。

こうして国防省に対して、透明性を高め環境への悪影響に説明責任を果たさせようとする米国政府の取り組みは、徐々に成功するようになった。軍は虚偽を述べ隠蔽を行い、環境諸法は安全保障への脅威であると主張し、強硬に抵抗してはいた。だが、基地の環境事故、有害廃棄物の処理技術について真っ当な記録を残すことは避けられなくなり、また現役・閉鎖後を問わず駐屯地の調査が内部の汚染の程度を明らかにし、被曝者には政府の医療補償が適用された。

だが米国内の軍の駐屯地でまともな運営が始まっても、施策には広大なグレーゾーンが残された。海外の米軍基地が、新環境政策の範疇に含まれるのかどうか、という問題だ。理論上、種々の規制はあらゆる連邦機関をカヴァーする。海外の軍基地もその範疇に入る。だが実際には、ワシントン官僚たちからの地理的距離、市民の介入をはねのける軍隊の思考様式によって、適用除外に置かれた。

一九八〇年代、ペンタゴンは三六カ国に四〇〇〇カ所の基地を維持していた。一九八五年時点で、一〇五カ所が日本に、そのうち四七カ所は沖縄にあった。その運用について地元の監視はゼロであり、環境規制を任されたのはただ一人基地司令官のみであった。自分の采配で駐留地を指揮する白紙委任状を行使する人物である。

## 海外基地に向かった秘密の実態調査団

一九八〇年代中葉から一九九〇年代初頭にかけて、米国政府機関は海外軍事基地の環境状態を確認するため、少なくとも五回の視察旅行に乗り出した。しかし、そこで発見されたものを一般市民が正確に知ることはできなかった。

最初の視察は国防省監察局によって実施された。ペンタゴンの問題を独立して調査し、米国議会に報告する任務を帯びた機関である。一九八五年一〇月一五日から一九八六年二月二一日まで、おそらく日本も含む七カ国の米軍施設を訪問し、有害物質と廃棄物の取扱いを確認した。

この訪問団が明らかにした全貌は公表されなかったが、一部は抜粋されて普通の人々の世界に届けられた。報告書のある箇所は、有害廃棄物の取扱いを批判、別の箇所は「原則、指針、技術改善は、断片的で矛盾をはらみ、駐留地からすれば存在していないのも同然だ」と指摘した。

国防省監察局によって海外基地への二度目の追跡訪問が行われたが、これも詳細は一般に公開されなかった。

連邦会計検査院（ＧＡＯ、二〇〇四年から政府説明責任局に名称変更）とは政府が納税者のカネをどのように使用しているか調査する連邦議会のための機関である。一九八六年、そのＧＡＯが海外基地駐留地を初めて訪問した。このときは七カ国一三基地を査察し一九八六年九月に報告書を提出した。タイトルは「有害廃棄物　国防省の海外基地の管理問題」だった。

通常、この種の報告書は一般に公開されるが、きわめて異例の動きとして、ペンタゴンはGAO一九八六年報告書を「国家安全保障の利益」の観点から国家機密に類別するよう要求した。

しかし、幸運にもGAO報告書の一部分が世界の人々に届けられた。

ある節では「一三基地中一一カ所で、実際の、または想定される汚染を特定した。有害廃棄物管理のずさんな慣行、不適切な廃棄は、水、土地、大気汚染の原因になっていると結論づけた」と書かれていた。問題のなかには「排水溝に捨てられた廃棄物が、地上に溢れ、延々と溜まっている」というものも含まれる。報告書は、有害廃棄物保管の問題は「人体と環境に害を与える可能性がある」と結論づけた。

GAOが訪問した国と基地の名は明らかにされなかった。

## 連邦会計検査院の批判

最初の報告書から五年後の一九九一年、GAOは追跡調査の報告書を刊行し、そのかなり編集の手が入った版が一般に公開されたが、ここでも基地名・国名は削除されていた。報告書によると、訪問した七カ所の海外基地のうち、少なくとも二カ所は太平洋域で、そのうちひとつは嘉手納飛行場であったことがわかる。

このときは七カ所の駐留地で、三〇〇カ所以上の汚染地点が判明した。そして報告書の作成者は軍に対し、歯に衣着せぬ批判を行った。

指揮系統の全体を通して環境訓練は不充分であり、隊員は有害廃棄物の取扱いを伝達するのに必要な言語技術を持っていなかった。七基地のうち五基地では地元の水系を汚染しており、廃油、メッキ液、写真研究室から出る溶剤が土壌に垂れ流されていた。

GAOは基地で行われる不法投棄や、燃料と可燃物を有害物質と混ぜて処理する慣行を批判した。PCB油の大量投棄も露見した。一九八八年、報告書によれば、ある受入国が有害物質の保管に懸念を表明、火災や漏出があれば「大惨事」に発展すると警告していた。

GAOはまた、軍による汚染土の取扱いも批判した。発見された後も単にその場に放置するか、掘り出して基地内の別の場所に埋め直すというものだった。

さらに有害物質の民間への売却も非難した。たとえばある競売では、有害廃棄物を利用価値のある化学品と同じロットに混ぜて危険物質が確実に売れるようにしていた。

他には有毒廃棄物が未表示か、誤った表示によって販売され、買い手は自分が何を購入したのかわからないようになっていた。

GAOが最も憂慮したに違いないのは、軍が海外基地で行う環境破壊にまつわる経済支出だった。一九九〇年一〇月時点で、軍の関与した環境破壊「一二五九件の苦情処理の総額は二五八〇万ドル」だった。軍はわずか五万ドルしか補償を支出せず、GAOは、将来苦情が上がれば、米国がさらに弁済する必要が出てくる可能性が七基地に約三〇〇地点あると推定した。

GAO報告書提出と同じ時、米空軍は、めずらしく誠実な態度で、在ヨーロッパ基地のいずれにも土壌と水質の汚染があることを公表した。これとは別に、米空軍はメディアのインタビューに答えて、海外基地はそれぞれ一〇から二〇カ所の汚染地点があると語った。

米国政府と米軍は、海外基地の環境問題が最も痛いところを突いていると理解し始めた。懐具合だ。だが、日本に関しては心配無用だった。ここではあらゆる財政的な心配から守られていた。旧態依然の取り決めが、米軍の活動権限を日本の法制度の外部に大切に匿ってくれたのである。

## 日米地位協定(一九六〇年)の環境条項

一九六〇年、米国と日本が相互協力安全保障条約を結んだとき、両者は在日米軍の権利と責任を統治する枠組みを必要とした。それが二八条からなる文書「日米地位協定」で、略してSOFA《ソファ》と呼ばれる。

米軍兵士の犯罪が日本の法律によって裁かれずにすむという地位協定の欠陥はよく知られている。しかし、同じく不平等なのが、米軍の環境破壊に関する条項である。

第四条は、米軍が民間に返還した土地の浄化実施を要求されず、費用も支払う必要がないことを定めている。

**第四条(施設・区域の返還時の原状回復・補償)　1　合衆国は、この協定の終了の際又はその前に日本国に施設及び区域を返還するに当たって、当該施設及び区域をそれらが合衆国軍隊に提供された時の状態に回復し、又はその回復の代りに日本国に補償する義務を負わない。**

さらに第一八条は、日本の財産を損壊した公務中の米国兵士は弁償を請求されない。

**第一八条（請求権・民事裁判権）　１　各当事国は、自国が所有し、かつ、自国の陸上、海上又は航空の防衛隊が使用する財産に対する損害については、次の場合には、他方の当事国に対するすべての請求権を放棄する。**

**（ａ）　損害が他方の当事国の防衛隊の構成員又は被用者によりその者の公務の執行中に生じた場合。**

第１章で示したように、米国では有害廃棄物を捨てた兵士に対する訴追は、法令遵守を確実にする法廷手段だが、地位協定が、日本における同種の訴追を除外していた。

二つの条項は、一九六〇年、すなわち環境に対する人間の影響がまだ国際的に理解されていない時に書かれた。その後に続く数十年で、産業公害では、水俣と新潟のメチル水銀、四日市ぜんそくや海外の同種の事件、軍が引き起こす問題に関してはベトナムの枯れ葉剤やキャンプ・レジューンの水質汚染スキャンダルなどが、人間の手によって環境と人間自身にもたらされる破壊を明らかにしてきた。だが、そうした数十年の知識の集積をよそに、地位協定第四条と第一八条が見直されることはなかった。

二つの条項を組み合わせると、在日米軍はあらゆる基本的な環境責任を免れる。じっさい地位協定は、米軍に基地を汚染する白紙委任状を差し出し、汚染が激しく使い物にならなくなれば、米軍は単にそれを日本国民に返還し浄化させればよい。

米軍の環境への対応に強い影響を与える地位協定の条項はもうひとつある。第二五条により、在日米軍の存在によって起こる日々の問題を所掌するため日米合同委員会を設置する条項だ。

**第二五条（合同委員会）　2　……合同委員会は、その手続規則を定め、並びに必要な補助機関及び事務機関を設ける。……**

自己統制ということだ。委員会は国民の監視なしで完全に秘密裡に行動する。

日米合同委員会は隔週木曜日の午前一一時に、東京にある米軍所有のニューサンノーホテルと、日本の外務省が選んだ場所で交互に開催される。

米側からは七名、このうち代表と五名の代表代理を併せた六名は米軍からの指名による。七人目は米国大使館の政治・軍事代理である。このような構成で、軍は国務省から参加する同僚を圧倒する権力を与えられ、かれらがひどく軽んじている市民からの介入を寄せ付けない。

一方の日本側は、外務省北米局長と防衛省を含む各省から六人の代表代理が参加する。

外交上の観点から言えば、米軍人の出席者が多数を占めるのは忌まわしいことだ。文民である国務省が外交交渉を所掌するのが通常であり、軍が多数を占めるこの構成は軍事占領期を思わせる。

委員会には決定を公にする義務がなく、ごくまれに公表されることがあるだけだ。このような委員会の不透明さが、基地周辺住民、なかでも沖縄の人々を現実的に苦しめてきた。

## 環境に関する協力についての合同委員会覚書（一九七三年）

一九七三年一一月二九日の「環境に関する協力についての合同委員会覚書」と題された合意がある。合意には、原則として汚染問題の解決に際し地元自治体の発議を採り入れることが謳われていた。地元の基地内で油や化学物質の漏出が疑われれば、防衛局を通じて米軍基地司令官に調査を要請する。

米軍は可及的速やかに結果を回答することとされていた。この合意でさらに重要なのは、自治体当局が疑わしい汚染源を直接に視察、サンプル入手を実施できるとした点である。

地元の基地について地元当局に視察する権利を認める点で、合意は地域の環境と住民の健康を守る確固たる権限を付与している。覚書は日本全域を対象とした。とりわけ沖縄にとってこの覚書は、基地の数の多さからだけでなく時期的にも、きわめて重要だった。沖縄が日本に返還された一年後に交わされ、新しく再設置された県において、軍が一層の説明責任を負うよう仕向ける大きな前進だった。だが、許しがたいのはこの後に起こったことだ。一九七三年合意は三〇年間機密とされたのだ。

二〇〇三年になってやっと沖縄県政はその存在を知るようになった。早期に公表されなかった理由を尋ねられた日本の外相は、情報提供を差し控えたが問題はないと答弁したことが報道された。

しかし地元自治体の基地査察権を非公開とした直後から、問題は始まっていた。伊江島で一九七三年九月二八日に基地に反対する農家に使用された枯れ葉剤について、沖縄側が持ち得た調査機会が阻害された。また、一九七五年八月一二日、マチナト・サービスエリアで発がん性溶剤が漏出するなど、一九七〇年代に立て続けに起こった米軍基地からの大規模燃料漏れが海、川、農耕地を汚染したが、これらに対する地元の調査能力も阻害された。

長い目で見ると、合意を隠したおかげで、沖縄の米軍は、法的な説明を要求される心配がなく、安全性を欠く慣行をやめなかった。沖縄の人々が再び日本の県になろうと歳月をかけて運動したのは、日本の法制度による保護を願ったからだった。だが、一九七三年合意の隠蔽は、これもまた、基地が法的責任の対象外であることを刻印した。島は、他の場所での不可能を可能にする場所のままだった。

今や日本政府が、米軍による島の収奪の共犯者なのだった。

七三年環境協力覚書の隠蔽は、沖縄における市民の知る権利を日本政府と米軍が双方で抑圧するという、返還後状況の先鞭を付けた。また、冷戦期を通して日本本土の基地周辺で暮らす住民の安全についても、日本政府はほとんどお構いなしというサインになった。

その後の年月で状況はいっそう酷薄となる。新たな環境政策が導入されればされるだけ、法制度は住民の権利を守る機能を発揮せず、むしろ軍隊に、監視を逃れて運用し続ける力を与えた。

## 穴だらけで寄せ集めの環境政策

今日、在日米軍を対象とする環境政策は、国防省の所掌権限と、閉じたドアの向こう側にある日米合同委員会会合の合意事項との、寄せ集めでできている。

海外基地の汚染が経済・政治問題になると知った米国防省は一九九一年、初めて海外基地の統一した環境基準の創設に取り組む。国防省指令六〇五〇・一六号「海外駐留地の環境基準設置・改善のための国防省政策」であった。この政策は定期的にアップデートされ、もっとも新しいものは二〇一三年一一月の四七一五・〇八号となっている。

「国防省駐留地の環境保護のため基本となる指導文書を作成・維持する」と謳ったこの政策で、たとえば、軍事基地における有害物質の取扱いと処理の手順や、漏出時の受入国への通知の図式化などを示した。

日本では、指導文書は「日本環境管理基準」（JEGS《ジェグズ》）として知られている。最初の起草は一九九五年に遡り、最新版は二〇一六年四月付け、内容は合同委員会環境分科委員会によって基準化されている。

ＪＥＧＳの決定は国民の監視に開かれておらず、合同委員会を米軍が支配していることを考えればさして驚くべきもないが、指針はペンタゴン側の意向に大きく偏っている。

ＪＥＧＳの第一の失態は、嚙みつく牙を持たせなかったこと、すなわち兵士や米国政府に対して執行強制権限を設定しなかった点は特記すべきである。処罰の恐れがなければ、基地が指針に従う動機などない。次章で取り上げることになるが、二〇一〇年代の数多くの事例で、軍は漏出を報告せず、報告を遅らせ、深刻性を過小評価し、対象物質の危険性を隠蔽した。つぎに問題だったのは、報告が必要とされる有害物質のリストだろう。パーフルオロ化合物が追加されたのは二〇一六年、劣化ウランについてはいまだ登録されていないのである。

さらに、この政策では、軍用航空機と船艦をすべて環境法令遵守の対象外としている。以後の章で示すように、嘉手納、厚木、岩国の航空機は機内燃料漏れ、発がん性ガスの排出、騒音を含め深刻な問題の原因となっているというのに。船艦からの漏出も、放射能汚染などの点で、沖縄でも日本本土でも長年続く懸念事項だ。

より最近では、二〇〇八年、米国政府は日本政府に対し、原子力潜水艦ＵＳＳヒューストンが、放射能に汚染された冷却水を漏出したと報告している。ＵＳＳヒューストンは、二〇〇六年七月から二〇〇八年四月の間にホワイトビーチに五回、佐世保に五回、横須賀にも一回寄港している。漏出した放射能の値はきわめて低く人体の健康に影響はない、と軍は主張した。

さらに二〇一五年一月、米海軍上陸艇USSボノム・リシャールが、一五万一四一六リットルの汚水を中城港湾に廃棄した。船内のトイレ、医務室、洗濯室から出た廃棄水は、日本当局に報告されたときすでに三日が経過しており、損害を回復しようにも手後れであった。事故の詳細は、私がFOIAで入手した記録によって二年後の二〇一七年に初めて広く知られることになった。

JEGSは、航空機と船艦による汚染を取り締まることができない上に、過去数十年の汚染について軍に無罪放免を言い渡した。この施策は汚染調査を設定せず、浄化を担わない。結果として、米国内と異なり、兵員と地元住民は基地の現時点での汚染状況を知る術がない。JEGSが役に立たないことは、海兵隊自体が最もよくまとめている。二〇一四年の内部報告書にいわく「JEGSは法制度化されておらず罰則もない。受入国との国際合意にも書かれていない」のだ。

## 「環境原則に関する共同発表」の欺瞞

JEGSと並行して、その他の施策もいくつか講じられた。多くは日米合同委員会の会合で秘密裡に実施されたものだ。

二〇〇〇年九月一一日、日米両政府は「環境原則に関する共同発表」(JSEP《ジェセップ》)を発表、米国政府は「在日米軍を原因とし、人の健康への明らかになっている、さし迫った、実質的脅威となる汚染については、いかなるものでも浄化に直ちに取り組む」と謳っている。

一九九〇年代ペンタゴンの指針から派生したこれらの語法「明らかになっている、差し迫った、実質的」(known, imminent and substantial)とは、基地が汚染の試験を行わないためのインセンティヴを効果的に与えるという点で重大問題だ。調査したために汚染が発見されれば、つまり、「明らかになっている（known）」ようになると、問題を改善しなければならないからだ。

汚染が「明らかになって」ほしくないという欲望のために、米国当局はメディアに対する強硬な報道弾圧にまで及ぶ。ジャーナリストである私は実際にこの弾圧に接している。軍警察による捜査や、インターネット接続の妨害があり、私が講演者として招待された東京の大学へは米大使館から抗議があった。詳しくは第8章で述べる。

同じくらい問題なのは、「差し迫った（imminent）」と「実質的（substantial）」の二語である。どちらも、基地司令官だけに定義が一任されている。環境毒の危険性はその多くが人体で時間をかけて蓄積される点にあり、「差し迫った」の語がこれを対象から除外する。同じく、「実質的」の語の定義には、蓄積された汚染の原因がこの分類に当てはまるのかを正確に決定する独立した科学的監視が抜け落ちている。

さらに、ＪＳＥＰの法令遵守は、ＪＥＧＳ同様、すべて基地司令官に任されている。日本側には、県や市町村など自治体当局も含め、執行権限がない。

二〇一三年一二月二五日、沖縄市でダイオキシン入りドラム缶がみつかったことに対する社会の憤りに応答するかのように、日本政府は、「環境の管理に係る枠組み」が始まることを大々的に発表した。だが、重要な修正への期待は、すぐに雲散霧消した。「日本政府が環境回復に責任を持つ」という腰砕けの発言だったのだ。

新たな合意、「環境に関する協力について」は二〇一五年九月二八日に施行された。日本政府と米国政府は、歴史的と声も高らかだったが、実際には何も変わらなかった。毒物の漏出後、あるいは土地の返還が差し迫った場合、調査を「要請」する権利を日本当局に付与した。だがこの種の許可は米軍の裁量に任されており、「軍の運用を妨げるか、部隊防護を危うくするか、又は施設及び区域の運営を妨げる」と見られるなど幅広い観点から軍は立入りを拒否できるのだった。

## 米軍に説明責任を要求している国々

従順な日本政府の態度と比べ、他の国々は断固たる態度で、自国内で起こる軍事公害について米軍の責任を要求している。

ドイツを例に取るならば、地位協定は環境条項を備えており、ドイツ政府の責任負担は浄化費用の二五％に留められている。騒音被害に関しては、圧力を受けて、苦情通報窓口を設け地元住民と恒常的な騒音会合を持つようになっている。

二〇一六年になると、米陸軍はアンスバッハ基地付近でパーフルオロ化合物の調査に同意した。高レベルの有害物質検出を受けて、軍は汚染除去行動をとった。沖縄での対応がこれと程遠いことは、第6章で示したいと思う。

韓国では、米軍に一層の説明責任を要求するようになってきた。元沖縄大学学長の桜井国俊教授はこれらを調査し、日本も同様の手法を採るよう強く申し入れているところだ。

一例として挙げれば、二〇〇七年二三カ所の基地が浄化を経ずに返還され、韓国政府の要求により合同環境評価手続き（ＪＥＡＰ）が二〇〇九年に設置された。この規定によって、米国政府は汚染された基地跡地に関する浄化費用を負担する必要がある。

二〇〇〇年二月、ソウル市を流れる漢江に米軍兵士がホルムアルデヒドを投棄した事件の後、陸軍は、環境活動の改善に一億ドルを投じると約束した。

市民の介入を阻止しようとする米軍に深く根ざした文化に則り、海外でも法令遵守を忌避しようとあらん限りの手が尽くされる。だが、韓国やドイツのような国々では、米軍に責任を取らせる何らかの手段を発動しようと、少なくとも試みることはしてきた。

また米国政府内にも、海外米軍基地で起こる公害は改善すべきであるとの認識がある程度出てきた。ベトナム戦争中、枯れ葉剤が大規模に保管されていたダナン空港は、土壌と地域の水系が有害物質、なかでもダイオキシンによって汚染された。二〇一二年、米国政府は、この汚染を浄化するために数千万ドルを投じた計画に着手した。ベトナムの他の枯れ葉剤重大汚染地点《ホットスポット》、たとえばホーチミン市郊外のビエンホア空軍基地跡などでも、今後数年間で同じような行動が実施されるだろう。「浄化」というには規模が小さすぎるし、遅すぎた。しかし、この取り組み自体は、ワシントンもついに自軍の行動が起こした軍事公害を認めたこと、かつての敵にできるだけの救いの手を差し伸べたことを物語る。

最強の同盟国を自任する日本については、そのような支援はまったく予定されていない。最も身の毛のよだつのは、ダナン空港と同じ毒物で汚染された沖縄市の枯れ葉剤廃棄場だろう。

ダナン空港では、作業員は防護スーツを完全装備し、最新鋭の汚染回復技術で、土壌はダイオキシンを分解する高温で焼却している。区画に設置された表示は、この区域への立ち入りは危険であることを明示している。

対照的に、沖縄市の廃棄場一帯の浄化は衝撃的なほどにずさんなものだった。浄化に何年もかかった区画では、浄化期間中も汚染された穴の数m近くまで、車や歩行者が規制もされずに往来していた。作業員はしばしば防護装備なしで働いていた。二〇一五年七月の台風の後、一画から溢れた水は、付近にある地域の排水管へ、安全調査もなしに汲み出された。【写真4・1、2、3】

**写真4.1** 2015年7月，水びたしになった沖縄市のダイオキシン発見現場で防護装備を付けずに作業する労働者.（ケン・中村・ヒューバー撮影）

**写真4.2** 2015年9月，元沖縄市サッカー場で汚染の復旧作業が行われている様子.（著者撮影）

地元にとっては、軍事公害の危険性に対する日本の無知が命にかかわることを浮き彫りにする光景だった。さらに踏み込んで言えば、日本政府は米国に環境破壊の責任を取らせる能力がないことが具体化した。日本政府は米軍にもっと責任を要求することもできた。だがそうしない道を選んでいるのだ。このような独善性の結果として、軍から返還された跡地がえげつないほど汚染されているという事態が何度も繰り返されてきた。

写真 4.3　2016 年 11 月，元沖縄市サッカー場で汚染の復旧作業が行われている様子.（著者撮影）

## 毒　盃

一九七二年の施政権返還時、八七カ所の米軍基地が沖縄本島の二万八〇〇〇ヘクタールに広がっていた。現在は三一施設、一万八四九九・三ヘクタールを占拠している。日本本土でも基地は減少した。一九七二年に一〇三カ所の基地が一万九七〇〇ヘクタールに及んでいたのに対し、二〇一八年現在、四七カ所の基地があり、七八二二・九ヘクタールである［二〇一八年一月一日現在、防衛省サイトより］。

軍からの土地返還は、その利用を長く待たされてきた地元地域にとって、祝福すべきことである。だが土地返還はしばしば落胆の時となる。土地はひどく汚染されているため浄化の完了には数年から数十年を要することが発覚するのだ。

一九九〇年代になるまで、軍用地から返還された土地の環境調査はほとんどなされないという状況だった。しかし環境への意識が高まるにつれ、多くの調査が行われるようになり、それによって日本本土の米軍跡地から多数の重大な汚染が発見されることになった。

二〇〇五年、神奈川県の小柴貯油施設は、米軍が燃料保管区として五七年間使用した後に閉鎖された。横浜市はこの地区の公園化を計画したが、ベンゼン、鉛、ヒ素などの有害物質による汚染が発覚し、計画は遅れた。

埼玉県のキャンプ朝霞跡地からは、二〇〇七年に安全基準の三〇倍という鉛汚染がみつかった。これも、県が公園化を計画したのと同時期のことだった。

軍の鉛汚染が再び衆目を集めたのは二〇一一年、東京のかつての立川基地の一部から安全基準の二八倍という重金属がみつかったときだった。ここは立川市による学校給食施設の建設予定地であり、この発見は人々を震撼させた。

埼玉県入間市でもジョンソン米空軍飛行場跡地で発見された同じような汚染が再開発の妨げとなった。現在は自衛隊に属し、政府は自衛隊病院の建設を予定している。しかし二〇一六年に安全基準の一九倍という鉛汚染が発見され、工期は少なくとも二年遅れた。

日本本土での発覚に不安が募るだけに、沖縄の汚染はより一層深刻で広範囲に及んできたと言わねばならない。

多くの人々が軍事公害に目覚めた最初のきっかけは、一九九五年一一月三〇日の恩納通信施設閉鎖後の出来事だった。この五九・九ヘクタールの土地にはかつて、隊舎、発電機、電磁波アンテナが建っていた。下水や洗剤の漏出が何度も起こったが、この場所では大規模な製造に係る任務もなく汚染の恐れは低かった。しかし、日本当局が実施した土壌と建物の環境調査で、カドミウム、鉛、水銀、ヒ素汚染が発覚した。さらに、下水処理タンクから、一〇四トンのＰＣＢ汚泥がみつかった。二〇〇二年、さらに二一八トンの同種の汚泥が、付近の自衛隊分団からも発見された。そこは一九七三年に米軍から返還された場所だった。

発見された二カ所の汚泥を合わせると、ドラム缶一七九四本に上った。

汚染の程度はワシントンに警鐘を鳴らすのに充分な深刻さであった。一九九八年の報告書「沖縄における米軍のプレゼンスの影響を軽減することに関する問題」には、ＧＡＯが恩納でのトラブルは来たるべき出来事の試金石となると気づいていた様子が窺える。将来の軍用地返還に際し、「調査で汚染が発見されれば、米国と日本のいずれが浄化費用を支払うか判断が必要となる」と、報告書は述べていた。

米国側が回復費用の責任を負う可能性が浮上したとはいえ、米軍の説明責任を追及すべく言質を取るのが日本政府のなすべきことだったはずだ。だが、汚染リスクに対する無知のためか、あるいは軍を刺激するのを恐れてか、あるいはその両方のためか、日本政府は黙ることを選んだ。現在に至る不平等な体系が蔓延するのを容認したのである。

結局、恩納の汚染回復には一七年間を要し、その最終解決は多くの人々の怒りを買った。二〇一三年一一月一二日、ドラム缶は廃棄処理のため福島県に運ばれた。その二年前に核のメルトダウンで大規模に郷土が放射能汚染に見舞われた場所だ。そのひどい顚末に、いまや米軍の汚染も追加されたのだ。最初の調査と浄化作業を除いて、ドラム缶一七九四本分の廃棄物輸送と処理にかかった費用は三億九五〇〇万円、米国はびた一文払わなかった。

## 軍事負担の軽減というまやかし

恩納通信施設の閉鎖と同じ頃、日米両政府は沖縄でさらなる土地返還を発表した。

これは進んで行われた決定ではなかった。

一九九五年九月四日、一二歳の女児がキャンプ・ハンセン所属の三人の米兵により誘拐・レイプされた。犯行の数週間後、米国太平洋軍司令官だったリチャード・マッキー海軍大将は、女児を誘拐するために借りたレンタカー代よりも売春婦を雇う方が安上がりだったとの持論を述べた。

その結果、両政府は「沖縄に関する特別行動委員会(SACO)」の設置を発表、最終報告書は一九九六年一二月に発表された。この合意の下、一一区画の軍用地合わせて五〇〇二ヘクタールが返還されることになった。ここに含まれていたのは那覇軍港、キャンプ・キンザー、北部訓練場の一部、そしてきわめつけは普天間飛行場であった。

合同委員会決定については、さらなる透明性の向上が約束された。

両政府は、この返還は沖縄の軍事負担を軽減する大きな前進であると触れ回り、発表は一時的に島の怒りを抑制した。だが徐々に「軽減」といわれるものの実態が明らかになる。

返還は、事実上軍の機能更新の隠れ蓑となるいくつかの条件に結び付けられていた。たとえば、北部訓練場の半分の返還は、高江集落付近への新たなオスプレイパッド建設を前提条件としており、普天間飛行場の閉鎖は、大浦湾にある自然の環礁の上に巨大な代替基地を建設するのが交換条件となった。

おまけに約束の土地返還が実現しても、広範囲の汚染が発見されているのだ。なかでも深刻な問題のひとつは、北谷町にある米海兵隊キャンプ桑江の部分返還地でみつかった。一九七三年一月に廃油が地元の漁場を破壊した場所だ。二〇〇三年三月三一日、三八・四ヘクタールの土地が返還されたが、早く再利用したいという希望はすぐに打ち砕かれた。二〇〇五年二月一八日、一万三〇〇〇発の弾丸が地中から発見された。二〇〇七年には五〇八発の機関銃弾クレート、六〇㎝の艦砲弾、四五㎝の不発弾、戦車のものと思われるキャタピラが出てきた。さらに悪いことに、当局が実施した化学物質汚染の試験で、高レベルの燃料、ベンゼン、ヒ素、六価クロム、鉛が検出されたのだ。

こうした発見が続き、人気の観光地に近いキャンプ桑江の跡地利用は遅れた。一九九〇年代に行われた基地跡地の再開発では、一七四倍もの経済効果がもたらされていた。キャンプ桑江から得られるはずの利益は汚染によって妨害された。つまり、この文章を執筆している時点で、土地返還から一五年が過ぎたが、完全な再開発には至っていない。

北谷では、この区画から高レベルの鉛がみつかったため道路拡幅の計画も遅れている。地主も被害を被っている。米国管理下にある間は、地代を日本政府から受けてきた。返還施設特別法によれば、支払は返還から三年に加えて、沖縄振興特措法によって一八カ月の延長となる。だがこの想定は悲惨なほど不充分で、長期を要する汚染からの回復に見合うものではない。

二〇一二年四月一日に新たな方策として「沖縄県における駐留軍用地跡地の有効かつ適切な利用の推進に関する特別措置法」が施行され、返還前に支障除去措置期間を設けて、この間にも補償金が支払われるよう措置した。

この他の場所、読谷村瀬名波の元CIA情報通信基地は二〇〇六年に返還されたが、沖縄防衛局が、高レベルの鉛と油汚染の疑いがあることを二〇〇六年一一月から二〇〇七年二月にかけて発見した。二〇一五年三月三一日、西普天間ハウジングエリア、美しい東シナ海を眺望する丘の上が返還された。またもや、これに続いたのはお祝い気分を台なしにする重大汚染の発覚だった。

基準値を超える鉛汚染が三カ所でみつかり、そのうち一カ所では、一kg当たり三二〇〇mg、安全基準の一五〇mgの二一倍以上だった。ヒ素は二カ所で閾値を上回る値が検出された。一方、油汚染は六八カ所でみつかり、高い場所で一kg当たり三万七〇〇〇mg、許容範囲の五〇〇mgよりもはるかに高い値だった。

西普天間ではまた、化学火傷を起こし、がんとの関連もあるジクロロメタン溶剤汚染が四カ所で発見された。

工業的な利用はほとんどされていなかったハウジングエリア跡地でこれほど深刻な汚染があったのだから、米軍のあらゆる種類の運用が土地を汚染したことは明らかだ。西普天間の事例は、軍が兵士と家族の健康をもないがしろにしていることを示す。米国人の元住人は自宅の地下にあった汚染で病を発症していたかもしれないのに、かれらへの注意喚起はなされず、こうした情報がEPA（米環境保護庁）のウェブサイトでいつでも入手可能な米国内と違って、情報源も存在しない。

より最近では、二〇〇六年一二月三一日に民間に返還された読谷飛行場跡地の一部で汚染が検出されたという二〇一六年の報道がある。安全基準の二一倍の鉛、八倍のダイオキシンによる汚染だった。汚染の発見された区域は、返還前に米軍のスクラップ置き場として使用されていたと思われる。明らかに、汚染は二〇一四年に発見されていたのだが、地元地域には知らされなかった。汚染の可能性について地元住民に知らせるよう体系を見直す必要があると国・自治体政府に求めるなど、地元住民の間で広く関心を醸成することになった。

これらの事例は数としては少なくとも、将来に向けての悪い兆候となる。不発弾、鉛、ダイオキシン、ＰＣＢの汚染が元通信基地、元住宅地区で深刻ならば、米海兵隊普天間飛行場やキャンプ・キンザーのように重工業的に使用されてきた返還予定地はいったいどうなるのだろうか。

沖縄住民の権利を保護するために断固たる態度を取れない日本政府は、米国の現実を直視していない。政府が環境への不法行為をめぐって国軍と何度も対立している国だというのに。

ＣＩＡは、米軍に対し沖縄の環境についてより慎重に取り扱うよう指導していた。だが、これにはかれら自身の不純な動機があった。二〇一七年一二月、私はＦＯＩＡを通じて、ＣＩＡのオープン・ソース・センター部局から、「沖縄の基地政策理解のためのマスター・ナラティヴ・アプローチ」と題された六〇ページからなる手引書を入手した。二〇一二年一月五日付のこの手引書は、米国政策立案者に、沖縄の米軍基地について県民世論の操作方法を指南することを目的としていた。

ＣＩＡによれば、「沖縄の環境保護への支持は、同盟を取りしきる立場への挑戦となっている」という。そして「沖縄は、環境回復規程に関する地位協定の見直しなど、基地用地の環境をもっと保証するよう日本政府に働きかけるだろう」と政策立案者らへ警告していた。第3章で述べたように、CIAはこの島における枯れ葉剤の使用に関する私の調査にことのほか関心を持っていた。沖縄の米軍基地への支持を拡大するため、CIAは軍に対し環境事故に即座に透明性高く対応するよう勧告していた。どうやら軍はこの箴言を無視することにしたようなのだ。

状況は改善するどころではない。

一九七八年以降、環境省は毎年、基地に対してごく基本的な環境モニタリング調査を日本中で実施してきた。たとえば、汚水処理施設やボイラーなどの有害物質の排出を調べる調査だ。二〇一三年、調査は沖縄の普天間基地を含む八基地二一カ所、日本本土では横須賀海軍基地など六基地で実施された。

だが二〇一四年以降、これらの調査は中断されている。

合同委員会における政策の変化が原因と思われる。理由を問われた環境省は、日米政府間決定の結果なので答えられないとした。

日米両政府が壁を建てるならば、軍事公害の程度をもっと知りたいと望む私たちのような者は、さらに創造的な取り組みによらなければならない。幸運にも二つの選択肢が可能だ。FOIAと、もうひとつは内部告発者、自分の勤め先である軍の怒りを買う恐れに負けない勇敢な存在である。

# 第5章

# 今も続く沖縄米海兵隊による汚染

今日、米海兵隊は沖縄に一一カ所の駐留施設、面積にして一万六七五〇ヘクタール、県内の米軍基地用地（陸域）のおおよそ七三％を占めている。これらの軍用地が、多様な環境を独占している。四八〇・六ヘクタールの海兵隊普天間飛行場は、宜野湾市の都市部の真ん中にあり、付近には学校、病院など一二〇以上の公共施設がある。キャンプ・ハンセンは四九七八・五ヘクタールに及び深いジャングル、三つの河川流域、地域に水を供給する二つのダムを含んでいる。キャンプ・シュワブは二〇六二・六ヘクタールに及び、長い海岸線には、日本でもっとも生物多様性に富む場所のひとつに挙げられる大浦湾が含まれている。

このほかに伊江島補助飛行場、北部訓練場、そして一九七八年に陸軍から移管されキャンプ・キンザーと名称変更したマチナト・サービスエリアなどがある［データは沖縄県（二〇一六年三月）から取得、この統計の後二〇一六年一二月に、北部訓練場の一部約四〇〇〇ヘクタールが返還されている］。米海兵隊のデータから、沖縄の基地とその周辺には、二六〇種の貴重種、生存が脅かされるか絶滅が危惧される種の動植物が発見されている。絶滅危惧種にはジュゴン、ヤンバルクイナ、オキナワセッコク（蘭の一種）などが含まれる。

頻繁な広報作戦を通して、米海兵隊は沖縄の自然環境を注意深く見守る守護者だという像を投影しようとする。年に数回、地域の海浜や基地のフェンス沿いでゴミ拾いをするキャンペーンなどを仕掛けていることなどに見られる。二〇一五年、在沖縄海兵隊は環境面での資質を評価され米国防長官賞を受賞した。

日本の世論を標的とする以上に、こうしたキャンペーンのねらいは、自軍兵士たちに向けられている。自分が勤務し生活する基地の安全を確信させようとしているのだ。メディアによる報道のおかげで、軍人の家族らは、米国内の基地公害について知っている。海兵隊キャンプ・レジューンがいい例だ。ペンタゴンは、沖縄では安全性についての疑念が持ち上がらぬようにと断固たる姿勢で臨む。環境調査を求める日本の要望は無視してよいと確信しているが、自軍内部からの同種の要望には真面目に耳を傾けるべきといったところか。もしも汚染が発覚したら、「明らかになっている」汚染として国防省指針に基づく浄化が必要になるのだろう。

このため、海兵隊は、沖縄におけるその他の軍隊同様、汚染に関する情報を必死で隠す。だが、FOIA（米国情報自由法）がこのような秘密を切り開く手がかりとなる。FOIAを用いた粘り強い闘いの結果、海兵隊基地が沖縄の環境に与える被害状況を明らかにすることが可能となってきた。

FOIA経由で入手した文書から、数十年にわたってキャンプ・キンザーが深刻に汚染され、地元役場に米軍は嘘をついてきたことが判明した。さらに、現行の海兵隊指針は、環境事故について日本政府に報告しないよう兵員に命じていることもわかった。近年でも数百件の漏出事故が海兵隊基地内で発生したが、公表されたのはほんの一握りだった。FOIA公開文書は、また、施政権返還後の沖縄史上でも尋常ならざる事件のひとつ、鳥島の放射能汚染についても光を当てた。

## さみだれ式に出てくる状況証拠

第2章で説明した通り、一九六〇年代から七〇年代にかけて、マチナト・サービスエリアでは環境問題の深刻さを示す証拠が挙がっていた。退役兵たちが化学品とベトナム戦争から撤収した装備の保管場所だったと言ったこの基地で大規模な漏出事故が起こっている。そのひとつは一九七五年八月一二日、基地労働者が発がん性の工業溶剤に曝露し、那覇の米国領事が「空騒ぎ」と一蹴した事件のことだ。その後、一九七六年二月一二日に、別の基地労働者が害虫駆除作業中に重篤状態に陥った。彼は臭化メチル中毒症状と診断された。

さみだれ式に出てくる状況証拠は、駐留地の軍事公害をほのめかすものの、決定的とは言えなかった。それを変えたのは二〇一四年、沖縄の米軍内にいる私の情報提供者が手がかりをくれたときだった。海兵隊がキャンプ・キンザーの汚染に関連する一まとまりの文書を保管しているというのだ。すぐに私はFOIAに申請を出した。それから一六カ月、海兵隊は文書の公開阻止を試み、申請の処理を遅らせ、「世論の混乱を避ける」必要があるとして公開を拒否した。窮地に追い込まれた果てに報告書を機密に留めようとして、海兵隊は突如、そもそも文書を所持していないと言い立てた。

報告書を手に入れる唯一の方法は、海兵隊を公然と批判して公開させることだった。私は英字新聞『ジャパン・タイムズ』にかれらの「小狡い手口《シェナニガンズ》」についての記事を書いた。一週間もたたずに二〇一五年九月、かれらはしかたなしに報告書全文を開示した。

## 初めて公開された米軍公害報告書

米陸軍、海軍、海兵隊によって作成されたこの八二ページが、在日米軍の汚染に関する初めて公開された包括的文書となった。基地の大規模汚染や、海の生物の大量死など、海外基地の浄化に資金を割くことを拒否したペンタゴン、第４章でも見たかれらの方針が招いた現実的な結果が明らかになった。

文書によれば、一九六〇年代から七〇年代にかけて、基地の沿岸部四・六ヘクタールの屋外保管区域にはベトナム戦争から返還された備品が保管されていた。「殺虫剤、殺鼠剤、除草剤、無機・有機酸、アルカリ、無機塩類、有機溶剤、蒸気脱脂剤」との記載がある。

文書には、米軍が、沖縄の民間人向けに在庫品を競りに掛けたが、保管状態が悪いのを見た買い手に回収を拒否された顚末も書かれていた。

一九七〇年代中頃に現場を訪れた沖縄の役所は、数百本のドラム缶や箱、ポリ袋から化学物質が漏出していたと記録している。役場の問い合わせに対して軍は、容器に入っていたのはすべてマラチオンという殺虫剤で、有毒物と容器にあるが、実際にはそれほどの危険性はないと説明していた。

一九七四年と七五年、付近の海岸で発生した「魚の大量死」で、米陸軍は海水と土壌の調査を実施した。結果は高レベルのＰＣＢと殺虫剤、クロルデンとＤＤＴ（いずれも現在では使用が禁止されている）とマラチオンだった。米海兵隊の文書によれば、「高濃度」のダイオキシンを発見、これは後に「エージェント・オレンジの成分」と特定していた。一九七八年の試験では、高いレベルの鉛やカドミウムなど発がん性重金属を検出した。

浄化の取り組みとしてはっきりしているのは、米軍が、基地が抱えた大量の在庫を埋却したことで、シアン化合物の処置で出た汚泥、無機酸、アルカリ類、そして強い腐食作用を持つ工業用化合物の塩化第二鉄一二・五トンなどが埋却処分された。殺虫剤はキャンプ・ハンセンにも持ち込まれその場で埋却された。

一九八〇年代半ばに再び、基地から漏出した毒物が海の生物を殺した。この時米軍担当者は、汚染土が実際に駐屯地から除去されたかどうかの事後確認とその記録を怠ったとして、前任者を非難した。

一九八四年の内部報告からは、工兵隊員が基地作業中にPCBの汚染土に曝露した可能性が懸念されたが、米軍がかれらに情報提供を試みた形跡はない。

一九八四年、元保管区域から二km以上離れた海岸で高レベルの重金属が検知されたことで、汚染の恐怖は基地を超えて拡大した。一九九〇年になっても、毒物の「重大汚染地点《ホットスポット》」と疑われる地点が、キャンプ・キンザー内に依然として存在し、米海兵隊は基地内の娯楽用ビーチ設置計画を断念せざるをえなかった。

一九九〇年に、海軍は、元保管区域の悉皆調査にかかる費用を五〇万ドルと試算し、実際の浄化にはさらに費用がかかると警告した。報告書によれば、そのような資金繰りは難しく、それはペンタゴンの浄化予算が米国内の事業に充てられるためだった。加えて、キャンプ・キンザー規模の調査を実施できる充分な要員もなかった。

ＦＯＩＡ文書には、汚染地区を示す図も含まれていた。現在のキャンプ・キンザーと重ね合わせてみると、ボウリング場、メディカル・センター、野球場が設置されている場所に当たる。さらに、元保管区域に隣接する海は、現在、民間の埋立事業により店舗、事務所、工場などの用地となっている。

SACO合意と、その後に続いた返還合意で、日米両政府は、キャンプ・キンザーの全面返還を二〇二四年以降から段階的に進めることになっている。加えて、二〇一四年の返還期限を過ぎている二ヘクタールの土地区画がある。最近になって二〇一八年三月末に国道沿いの三ヘクタールが返還された。米軍は、近年実施された環境調査の公表を拒んでいる。人体の健康に害のある汚染が発見されれば、土地の浄化をせざるを得ない。これを恐れているのだろう。JEGSその他の指針は過去の汚染について米国の責任を適用しない。

## 今も続く汚染

近年続いた汚染の検出は、基地には問題が残っていることを示している。

キャンプ・キンザー付近で捕獲された野生動物から検出された汚染物質は、FOIAで公開された報告書に記載されているのと同じものだった。二〇〇八年に駐屯地付近で捕獲されたマングースから二〇一三年に高レベルのPCBが検出され、二〇一五年九月には、名桜大学と愛媛大学の科学者らが、基地付近のハブに高濃度のPCBとDDTが蓄積されていると報告した。二〇一七年に捕獲されたハブからも同種の汚染がみつかった。

二〇一六年、補給区跡地の付近を流れる小湾川の底質がクロルデンと高い値の鉛で汚染されていることが発見され、以前から言われていたキャンプ・キンザー内の「重大汚染地点《ホットスポット》」に関する恐れは正しかったことが示された。その後の調査で値は低下していたが、二〇一七年、基地付近の海の貝と海草から再び鉛が検出された。

キャンプ・キンザーの安全基準については、二〇〇九年にも疑念の声が上がっていた。六人の日本人労働者が基地内の倉庫で不知の物質に曝露した後、発病したのだ。事故の報告を求めるＦＯＩＡ申請に対し、海兵隊は、記録がないと回答した。

## 隠されていた海兵隊の環境事故

ＳＡＣＯ合意では、日米合同委員会合意に基づいて透明性を高めることが約束され、定義上は、環境に関する決定も合同委員会で判断がなされることになっている。しかし、そのような確約にもかかわらず、ＦＯＩＡを通して公開された内部文書が示すのは、海兵隊が依然として、沖縄での運用は不透明のままでも免責されると思い込んでいることだ。

二〇一三年から二〇一五年の海兵隊手引書は、隊員の駐屯地での環境事故への対処に関する指針を定めている。これらの手引書から、「政治的に注意を要する事故」については日本側当局に通報しないよう命令されていたことが明らかとなった。「政治的に注意を要する」事故と分類する判断は海兵隊に一任されており、どんな事件でも選択的に隠蔽できる白紙委任状を与えている。

このような自主的規制がもたらす結末を、ＦＯＩＡで海兵隊から闘い取った四〇〇ページの内部事故報告書が明らかにしている。文書によれば、二〇〇二年から二〇一六年の間に、二七〇件の環境事故が海兵隊普天間飛行場、キャンプ・ハンセン、キャンプ・シュワブで発生している。しかし文書が示すのは、日本側の当局に通報されたものはわずか六件だという事実だ。

二〇〇五年から二〇一六年の間に、海兵隊普天間飛行場は一五六件の事故で一万四〇〇三リットルの燃料を放出した。

これらの燃料は、ベンゼンとナフタレンのような危険物質を成分とし、臓器障害に関わり、白血病を発症する可能性がある。さらにペンタゴンは化学物質のカクテル、今日では「軍用燃料添加パッケージ」として知られるものを、効果を高める目的で配合する。これらの物質は、深刻な健康被害、骨髄や生殖機能への害と関連づけられている。

二〇〇四年から二〇一六年の間に、キャンプ・ハンセンは七一件の事故を経験しており、なかには二五九六リットルの燃料漏れのほか、六七八リットルの不凍液などの物質もあった。

二〇〇二年から二〇一六年の間、キャンプ・シュワブでは四三件の事故があり、二六二八リットルの燃料漏れを含み、二〇〇二年には四〇二四リットルの水で希釈されたPOL（石油、油、潤滑油の総称）の漏出について、「既知の有害物質を公共水路に流れ込む場所に放出」と記載されていた。

実際の事件は二七〇件を優に超える、というのは、膨大にある情報は概略化されており、年によっては、事故報告が公表されていないからだ。

海兵隊が日本側当局に事故を報告した場合でさえ、軍は、それらを誤った方向に誘導していることをＦＯＩＡ公開文書は示している。

二〇一六年六月、海兵隊普天間飛行場で六九〇八リットルの航空機燃料が漏出する事故があった。内部報告によれば、事故は人為的ミスによるものだったが、在日米軍は日本側当局に対し、「バルブの不整合」が原因であったと伝えた。さらに、在日米軍は日本側当局に対して漏出は「即座に」対処されたと伝えていたが、内部報告書で明らかなのは、事態が翌日まで完全に収束してはいなかったこ

**写真 5.1**　2016 年 6 月，米海兵隊普天間飛行場で起きた航空燃料垂れ流し事故を捉えた動画の一コマ．

とだ。事故は大規模で、一万一二〇八リットルの汚染土と三〇二八リットルの汚染水を入れたドラム缶を廃棄しなければならなかった。

二〇一六年、私は軍内部の情報提供者から連絡を受け、在沖海兵隊基地の安全違反に関する情報を得た。この人物は、在日米軍基地で何年も勤め、燃料の安全管理を専門とする者だ。

情報提供者によれば、二〇一六年六月の事件は、ソレノイド（電磁力で開閉する）安全弁を、食糧袋を閉じるのに使うようなプラスティックの結束バンドを使って切り替えた海兵隊員のせいであった。「こういうことは、米海兵隊によくある事故です。ありていに言えば、かれらは作業の手抜きをし、ばかなことをするのです」と彼は語った。

この専門家は漏出を捉えた映像を提供してくれた。草に覆われた保管タンクのそばの配管から大量の燃料が吹き出し、地面に溜まりをつくり、雨水排水溝へと流れ込んでいた。**【写真 5・1】**

過去二〇〇九年三月に、同じ燃料タンクは同様の過失のため大規模漏出に見舞われていた。

情報提供者の説明に沿って新聞記事にまとめると、その後、六月の事件に絡んだ四人の海兵隊員は懲罰を受け、海兵隊は安全対策を見直した。ささやかな勝利だが、メディアが光を当てるのは、海兵隊に責任ある行動を要求する数少ない手段のひとつであることを明らかにした。

情報提供者は、海兵隊普天間飛行場の燃料保管区域で火事でも起きたらどうなるのかと大変心配していた。基地には大火災への充分な備えがない、海兵隊普天間飛行場の消防能力は乏しいものだと彼は語る。基地付近の公共施設の数を挙げれば、深刻な事態が想定されるが、海兵隊はこれに対応することを拒んでいる。

無関心は、沖縄の海兵隊基地で発生する多くの事故に共通する原因だ。

二〇〇五年九月の例を挙げれば、キャンプ・シュワブの受注業者が誤って燃料配管を切断した。それから四日間漏出に気づかず、一二〇mにわたって川を汚染したディーゼルは、場所によっては五cmの厚みで川面を覆った。

基地内を流れるその川は大浦湾、サンゴ、海藻など多種の絶滅危惧種と、まもなく絶滅と言われるジュゴンのふるさとに注ぎ込んでいる。

二〇〇八年一一月、キャンプ・ハンセンで、ある海兵隊員が「不知のPOL類」を側溝に洗い流し、基地外の小学校付近へ流出した。化学物質の種類は特定されず、明らかに軍は、児童への曝露の危険性を通報する手続きをとらなかった。二〇一〇年五月、これもキャンプ・ハンセンで、六〇六リットルの不凍液が駐車場へ漏出、どれほどの量が海へ流出したかは不明である。

二〇一三年に起こったある事件は、海兵隊員が部隊の他の構成員を危険に曝す恐れを明らかにした。二月、キャンプ・フォスター内に居住する海兵隊員が台所の流しに流した調理油が配管を詰まらせたことが原因で下水漏れを起こし、一万八九二七リットルが付近の住宅地に溢れ出して海へ流出した。内部電子メールが明らかにするところによると、在日米軍で浄化を所掌する環境部門の担当者は、殴られるのが怖くてその海兵隊員を見逃した。

報告書は、キャンプ・ハンセンでの化学物質保管の不注意も明らかにしている。二〇一一年一二月のある事件では、輸送コンテナ内で七kgの次亜塩素酸カルシウム漂白剤の保管に手抜きがあった。化学物質の一部が空気に触れて反応し、コンテナのドアを開いた海兵隊員が負傷した。事故は一カ月の間、秘密にされ、上官が通報を受けてようやく、基地は緊急事態を宣言した。要請を受けた地元日本の消防署の有害物質取扱班が、漏出場所を浄化、空にした輸送コンテナは最終的にキャンプ・キンザーに運ばれた。

米国でこのような怠慢を行えば、その兵士は起訴されるだろう。だが日本の指針、ＳＯＦＡ(地位協定)やＪＥＧＳで、かれらは日本の法の下に処罰を免れるのである。

## 催涙ガス、赤土流出、山火事

ＦＯＩＡが明らかにした環境漏出事故の他にも、沖縄の米海兵隊基地は、近隣地域に与える問題の原因となっている。催涙ガスの漏出、赤土流出、山火事などである。

ベトナム戦勃発当初、第2章で描いたように、宜野座中学校では数百人の生徒が海兵隊の催涙ガス(ＣＳガス)を浴びた。ベトナム戦争中、事件事故は、物質そのものが原因の場合もあれば、酒に酔った米兵が原因の場合もあった。たとえば、一九六八年一一月二一日、米兵が催涙ガスの砲弾を民間地に投げ込んだため、金武町では一〇〇世帯が避難を余儀なくされた。

施政権返還後も事故は続いた。一九八〇年三月、琉球精神病院の患者・職員と地元住民は、キャンプ・ハンセンから漏出した催涙ガスにより不調を来した。その後北部訓練場付近でも、一九八八年六月、二人の民間人が県道沿いを車で走行中、催涙ガスに被曝し不調を訴えている。

海兵隊基地が及ぼす公害を告げるもっとも顕著な目印となってきたのは、赤土の流出である。キャンプ・ハンセンでの被害は特にひどく、重火器演習によって丘陵地が剝き出しになり土壌浸食が頻発した。地域の河川と海を侵害する赤土が流出していれば、基地の実弾演習による鉛と有毒発射火薬の汚染も深刻である証しだ。

米海兵隊の内部報告によると、植栽による赤土流失防止の取り組みは、不発弾の存在を理由に頓挫していた。

加えて、キャンプ・ハンセンとキャンプ・シュワブの実弾演習が山火事を引き起こす。県の統計によれば、一九九二年から二〇一二年の間にキャンプ・ハンセンで一一五件の火災が発生した。一九九七年六月一〇日の例では、不発弾から除去した火薬に着火し、五〇ヘクタールが焼けた。同年一二月、一発の曳光弾が発火し、およそ五六・二五ヘクタールを焼いた。

キャンプ・シュワブでは一九九七年から二〇一二年の間に少なくとも二三件の火災が発生した。沖縄県の記録によれば、施政権返還後から二〇一六年までに発生したキャンプ・ハンセンとキャンプ・シュワブでの山火事は合計で五九〇件に上る。

ＮＰＯピースデポが調査で明らかにしたところによると火災の多くは、海兵隊が自軍の取り決めを破ったために発生したものである。二〇〇〇年、在沖海兵隊は、指針を作成し、実弾演習の実施可能条件、使用弾薬の種類などを定めた。たとえば、「乾燥」と分類される条件下では、曳光弾の発射は認められず、「非常に乾燥」条件では演習自体を実施しないことになっている。

だが、ピースデポによると、二〇〇二年から二〇〇七年の火災の半数以上（五五％）は、海兵隊が自軍の指針を無視したために起こった。多くは、曳光弾の使用によるものだった。

砲弾は、他の海兵隊基地、キャンプ・コートニーでも様々な問題の原因だった。一九九九年の閉鎖まで三七年間、駐留地の海岸付近一帯はスキート射撃場（クレイ射撃と同義）となっていた。沖縄県の職員がその使用を知らされ、付近のひじきに鉛汚染の懸念が高じたため、軍に調査を要請した。

米軍は約四九トンの鉛が一帯に撒き散らされたこと、ひじき養殖地区の鉛濃度は周辺一帯よりも高い数値であることを認めた。二〇〇一年、日本政府はこの地域で試験を実施し、汚染による人体への危険はないと主張した。しかし、県による独自試験の実施要請は拒否された。日米合同委員会がこの要請を許可したのは二〇一一年になってようやくのことだった。

環境汚染に対処する上での現行指針の脆弱さが、再び焦点化されたのは、二〇一三年八月五日キャンプ・ハンセンでの事件である。この日、HH-60ペイヴ・ホーク・ヘリコプターが、宜野座村付近の生活用水を賄う大川ダム付近の提供区域内で墜落した。

ダム汚染の懸念から、地元役場は現場検証を要望したが実施できなかった。ダムの汚染が不明のまま、村は一時的に取水停止を判断した。

その後、米軍による事故現場の土壌試験で、安全基準の二一倍に上るレベルのヒ素が検出された。

カドミウム、フルオライン、鉛も高濃度を示した。ダムの水が同様に汚染されていたかどうかは不明だが、地元では一年間にわたり水源地の使用を停止した。

言うまでもなく、一九七三年の覚書に従っていれば、立ち入りは認められていただろう。

同じような問題が二〇一七年一〇月にも発生した。米海兵隊のＣＨ53型ヘリコプターが、東村高江付近の農地に故障着陸後、炎上した。事故現場は軍によって封鎖され、日本当局者が環境調査を実施する前に、軍は破損機体を回収し、土壌を掘って持ち去った。ＦＯＩＡで入手した記録によると、ヘリの機体には墜落時に三七八五から四五四二リットルの燃料があった。後日、沖縄防衛局の職員による残土と水質の検査で、ベンゼン汚染のほか、基準を下回る微量だがストロンチウム90も検出された。同型のヘリは放射性物質のストロンチウム90をローター部品に使用している。被曝すれば体内で歯や骨に蓄積し、がんの原因となる。

## 海兵隊に狙われて

「政治的に注意を要する事故」を日本側当局に通報しないよう命じる海兵隊手引書、地元当局の基地内立入要請の拒否などは、沖縄で引き起こした公害を隠蔽しようとする米軍、なかでも海兵隊の判断を浮き彫りにする。

二〇一六年、一連の問題を調査によって発見した私は、かれらの照準線に狙いを定められてしまった。ＦＯＩＡで文書請求してみると、私は海兵隊犯罪捜査部から監視されていることが判明した。その報告書には、私の写真、履歴、キャンプ・シュワブの外で軍の汚染について語った会話の概略がまとめられていた。【写真5・2】これもFOIAを通じて入手した在日米軍の内部電子メールによると、私は「敵対的」と印付けられ、私の「報道は敵意のある調子」だとあった。同じ時期、米空軍は私の自宅のISP（インターネット・サービス・プロバイダ）からのホームページアクセスを遮断していたことも判明、明らかに、軍の行動に関する情報を調査しようとする私への妨害であった。

二〇一六年一〇月、この事件が明るみになると、ダニエル・エルズバーグが共同設立者の一人であり、CIAの内部告発者エドワード・スノーデンを理事とする米国「報道の自由財団」は、私を監視する米軍を批判、フランスのNGO「国境なき記者団」が発表した抗議声明は広く回覧された。私の地元では英国下院議員が、英国外相に連絡し、英国政府はこの件について調査を行うべきだと要請した。

私のジャーナリズムが軍隊と、すなわち沖縄の海兵隊と、衝突するのはこれが初めてではない。

二〇一六年春、私は苦心の末、海兵隊がこの島に到着した新兵に向けて行うオリエンテーション講

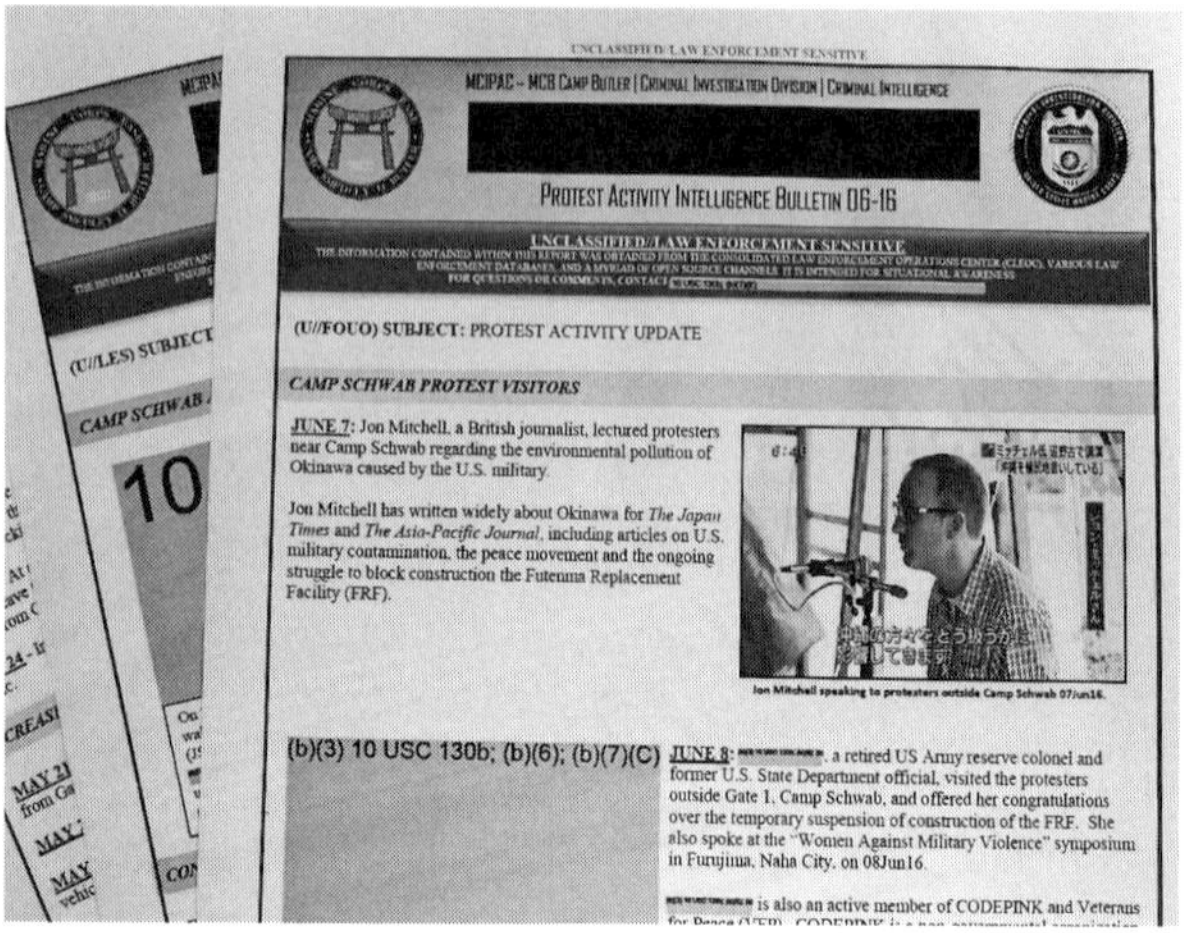

**写真 5.2**　軍事公害の談話をする私について報告している米海兵隊犯罪捜査部ファイル．（FOIA 経由で著者が入手）

習の原稿とスライドを入手した。講習内容には虚偽や沖縄の人々を見下す見解が含まれていた。「二重基準」だと非難したり、日本の米軍基地を受け入れる負担への苦情は「論理的というよりも感情的」だと述べていた。

同じくオリエンテーション講習には、島の環境に与える軍隊の影響について誤解を招く、次のような発言が含まれていた。

「地位協定は、米軍が現代の環境基準に従うよう確約していないと考える者もあり、その結果、我々の行動が自然環境を破壊していると考えて、その証拠を探しだそうと躍起になり、「美しい島」の話をすれば「それはそうだが」と口を挟んでくる」

沖縄における海兵隊の環境破壊について、身内である隊員にまで隠蔽を働くとは、恐るべき仕打ちである。沖縄の人々と同じく、米海兵隊員は、自分たちや家族の家や職場が汚染されているのか当然知る権利がある。しかし、オリエンテーション講習は、かれらの健康を害する危険性のあるダイオキシン、鉛、ヒ素汚染について何ら言及していないのである。

また、講習から抜け落ちているのは、沖縄における海兵隊がやった、なかでも最悪の出来事、鳥島という小島を一八〇kgの放射性劣化ウランで汚染した周知の事件だろう。

## 劣化ウラン弾で汚染された鳥島

核兵器の弾頭と原子力発電所の燃料棒を製作したとき、副産物として生まれたのが大量の劣化ウランであった。水銀や鉛と同様の毒性を持つ重金属である劣化ウラン、その危険性は、放射性物質として突出している。

劣化ウランが軍隊に好まれるのは主として二つの理由による。第一に徹甲弾に使用される侵入子と呼ばれ、衝撃時に平らに潰れるその他の金属と異なり、強化コンクリートや装甲車の外殻に当たっても鋭い尖端を維持することができる点だ。軍が劣化ウランを好む第二の理由は、経済性である。劣化ウランは核産業廃棄物であり、米国政府は低予算ないし無料で、軍に提供している。

ペンタゴンは当初、一九九一年のイラクとクウェートに限定して劣化ウラン弾を使用したが、後に一九九〇年代を通じてバルカン半島で、さらに二〇〇三年再びイラクで使用した。ごく最近では、使用しないと自ら約束したにもかかわらず、二〇一五年シリアのイスラム国軍に対して劣化ウラン弾を使用した。

劣化ウラン砲弾は標的に当たると、巨大な放射性物質の破片と微粒子の雲を発生させ、広範囲に広がって長期間にわたり放射能が残留する。劣化ウランが発射された地域の医療専門家たちは、この兵器がもたらす犠牲として、健康被害を記録している。イラクのバスラの事例では、小児白血病の罹患率が一九九三年から二〇〇七年で倍増した。いっぽうファルージャでは、出生異常の急増が報告されており、二〇一三年にそれは、新生児七人に一人の割合であると推計された。

多くの環境保護団体は劣化ウラン弾を、その長期に及ぶ汚染から、大量破壊兵器に分類するよう要求してきた。二〇〇七年以来、国連総会は使用に関する調査を求め、近年では使用地域に対する浄化支援を、強く促すようになった。米国政府は、劣化ウラン弾使用地図の公表を拒んでこのような調査を妨害し、人体の健康に与える影響を過小評価している。

その劣化ウランで、一九九五年と一九九六年に米海兵隊は、沖縄にあるひとつの島全体を汚染した。鳥島は、面積約四ヘクタール、久米島の北約二八kmに位置する。一九四五年以来、この島は米軍の空対地攻撃訓練場として使用されてきた。

二〇一七年になって、私は、それまで非公開だった文書をＦＯＩＡによって入手した。これは一九九五年一二月から一九九六年一月にこの島で起こったことに関するものだった。

その報告書によれば、このとき、米海兵隊の攻撃機が一五二〇発の「二五ミリ劣化ウラン徹甲／焼夷貫通弾」を島に向けて発射した。

砲弾発射後、軍は異例の行動に出る。その回収を試みたのだ。ＦＯＩＡ文書はその判断が下された理由を明らかにしていない。しかし、海兵隊の劣化ウラン弾発射が過誤によるものであったことは明らかである。発射された弾から発生した放射能のため、在沖米軍は米国原子力規制委員会に除去の許可を得る必要が生じた。一九九六年三月、嘉手納空軍基地は作業に不可欠の放射性物質取扱許可を受けた。

一九九六年三月から四月の間に、米国防省は島を調査したが、わずか一九二発の徹甲弾、発射総数の一三％しか回収できなかった。鳥島への事後調査は数度にわたって実施されたが、復旧への取り組みは八月で終了した。**【写真5・3】**

この作戦行動は一切公表されなかった。通報の遅れに関する理由のひとつとして文書が示すのは、劣化ウランがＪＥＧＳで報告を要する物質リストに登録されていないということだった。これもまた、軍の自主報告に任せて独立した監視を欠いているがための危険性を際立たせる事件といえる。

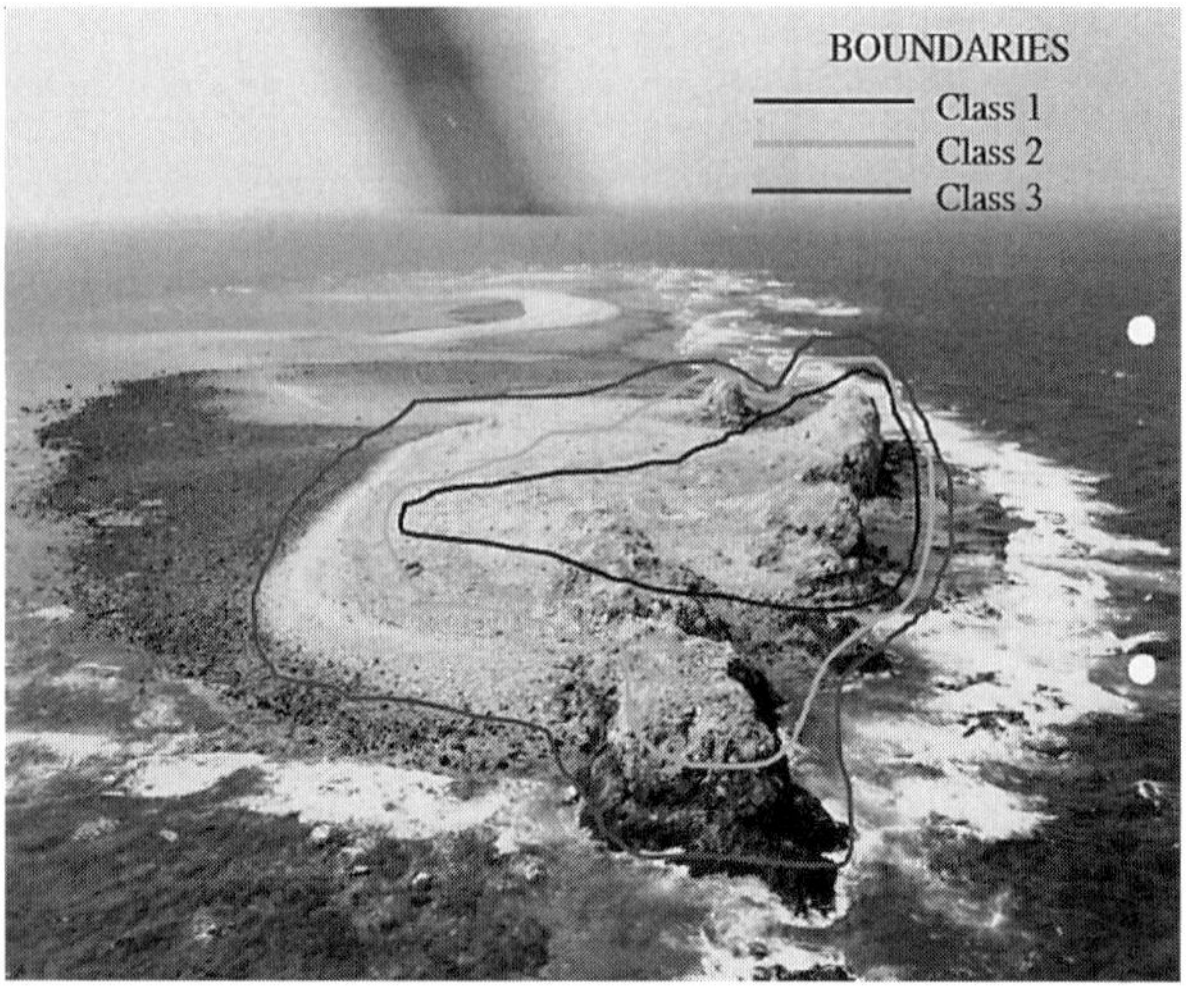


**写真 5.3**　鳥島．軍は影響の大きさを３段階で図示したと思われる．（FOIA 経由で著者が入手）

だが、軍が事故の公表を遅らせた実際の理由は、そのタイミングにあると思われる。第4章で見たように、一九九五年九月、キャンプ・ハンセン所属の三人の隊員が、一二歳の女児をレイプし、島では大いなる怒りが炸裂していた。犯人たちは一九九六年三月に有罪となり、投獄された。この犯罪により、日米両政府はＳＡＣＯ（沖縄に関する特別行動委員会）設置を余儀なくされた。この混乱の時期に鳥島の事実が公になっていれば、両政府はいっそうの妥協とさらなる土地返還を強いられるところだっただろう。

じっさいには、米軍は一九九六年一二月ＳＡＣＯ最終報告の公表まで事件発生の確認を先延ばしした。一九九七年一月、軍は日本政府に対して鳥島での劣化ウラン弾使用を報告、「過誤」と説明し、このニュースが公になった。報道されたところによると、戦闘機は山口県の米海兵隊岩国飛行場から飛来したものだという。発表の後、日本政府の一団が米軍担当者に同行し島への視察を数回実施したが、さらに五五発の徹甲弾が発見できたに過ぎなかった。米軍は残る一二七三発を「紛失」と分類した。

ＦＯＩＡ文書によると、失われた弾はそれぞれ一四八ｇの劣化ウランを含有、計一八八・四kgの劣化ウランが島に残留した。

報告書によれば、これらの砲弾は三種類のウランで組成されていた。二四万七〇〇〇年の半減期を持つウラン234、半減期七億一〇〇〇万年のウラン235、そして報告書によれば劣化ウラン弾の組成中九九・七五％は、半減期四五億一〇〇〇万年のウラン238だという。

一九九九年にバルカン半島で発射された米軍劣化ウラン弾の研究では、公表されていない物質、ウランよりさらに毒性の高いプルトニウムの痕跡が発見されている。

米軍の報告書によると、鳥島に残留している劣化ウランは人体の健康に与える被害はなく、これ以上の浄化作業の必要はないとある。

だが、危険は報告書に記されていた。将来、劣化ウラン弾以外の不発弾処理を実施するため島に派遣される要員に、放射性物質に曝露する危険性があると記されていた。ごく最近では二〇一〇年九月、劣化ウランへの曝露の恐れがあるとして、米空軍は島の環境調査を取りやめていることが、内部報告書から判明している。

報告書はこの先、島の爆撃で劣化ウラン侵入子や破片が飛散すれば、近海とその海の生物も同じように汚染されるがその危険性については言及しない。鳥島訓練場は今日なお活発に使用されており、投下されるあらゆる砲弾は放射性の粉塵を巻き上げる危険がある。たとえばテレビのニュースが二〇一四年五月二一日、非公表の種類の爆弾を使用した訓練について報道した。巨大な粉塵のキノコ雲が発生し、二八㎞離れた久米島からも見えたという。

私は、在日米軍に対し、使用された兵器の種類、ならびに爆発が地域の放射能レベルを上昇させたのかどうか明らかにせよと、ＦＯＩＡ申請を行った。軍の回答は、同日行われた訓練の記録は存在しない、というものだった。

一九九五年、一九九六年の海兵隊による鳥島での使用が、沖縄で劣化ウラン弾を使用した唯一の機会ではなかった、それを示す証拠がある。

一九九三年頃、西原町小那覇の取引業者が、キャンプ・キンザーの国防省再利用販売事務所（ＤＲＭＯ）で二五ミリ砲弾ケース数百点を払い下げた。砲弾は軍によって「クズ鉄」（スクラップメタル・鉄）と記載されていたが、後になって業者は「ウラニウム」とステンシルで書かれていたことに気づいた。このような廃品をスクラップとして売却することについてＷＨＯ（世界保健機関）は、放射性物質として取り扱わなければならないと警告している。

鳥島の事件以後、米国大使館は日本の外務省に対し、すべての劣化ウラン弾は日本から撤去されると約束した。だが二〇〇六年の報道で、嘉手納空軍基地に二〇〇一年時点で約四〇万発の劣化ウラン弾が保管されていたことが発覚した。

次章を見れば、これは嘉手納空軍基地にまつわる数々の嘘のひとつに過ぎず、太平洋における米軍最大の基地で起こった環境事故のひとつに過ぎないことがわかるだろう。

# 第6章

# アジア最大の空軍基地　嘉手納の米軍公害

今日、嘉手納空軍基地はアジア最大の米空軍の駐留地である。

一九八五・五ヘクタールという広さは、成田空港の約二倍に相当し、三・七km滑走路を二本擁し、一〇〇〇棟の工業用建物や、総計二億一五七六万八〇〇〇リットルを保有する数十の燃料タンクがある。朝鮮、ベトナム、中東における米国の戦争の発進基地として使用され、米空軍の戦闘航空団としては最大の第一八航空団が駐留している。

任務に就く米兵、働く契約労働者、そして生活をともにする家族らは二万人を超え、二七四六人の日本人が雇用されている。

空軍基地には、広大な嘉手納弾薬庫が隣接している。かつては米陸軍知花弾薬庫として知られていた。二六五八・五ヘクタールという、用地面積では島で第三番目に大きい米軍駐屯地である。

両者が併せて、沖縄市、嘉手納町、北谷町、恩納村、うるま市、読谷村の広大な部分を占有している。

第2章で見たように、二つの基地が島のエコシステムに果たす役割は無視できない。嘉手納空軍基地内には二〇以上の井戸があり、西端は海に接し、弾薬庫内には瑞慶山ダム（現在の倉敷ダム）がある。二つの主要河川が付近を流れ、比謝川は北谷浄水場に注ぎ、県都那覇市を含む七つの自治体に飲料水を供給する。

嘉手納空軍基地は沖縄の環境に組み込まれて重大な影響を及ぼすにもかかわらず、基地内で暮らし働く隊員も、地元住民も、基地を原因とする公害を知らされずにいる。ここでもまた、ＦＯＩＡ（米国情報自由法）、そして解雇や逮捕も覚悟の上の内部告発者のおかげで、その軍事公害を理解することができるのだ。

二〇一七年一〇月、米空軍はしかたなしに、一万八六四ページの事故報告書、環境調査、駐留地の汚染に関する電子メールなどを私に開示した。これら文書は、鉛その他の重金属、不発弾、アスベスト、ＰＣＢによる広範な汚染を明らかにした。近年の数百に上る危険な漏出を記録し、その多くは、地元の水系に垂れ流されていた。もっとも懸念されるのは、空軍基地が島の飲料水をパーフルオロ化合物のＰＦＯＳ《ピーフォス》で汚染してきた事実で、これは免疫系不全のがんに関係し、胎児・乳児に害を及ぼす毒物である。

## 不発弾、鉛、アスベスト——過去の沈黙の報い

第2章、第3章で見たように、嘉手納空軍基地と隣接する弾薬庫は、長い間汚染の懸案事項であった。冷戦期、燃料が地元の農地や井戸を汚染し、航空機の補修時に溶剤や工業用洗浄剤が垂れ流された。施政権返還に先立って、嘉手納には約八〇〇発の核弾頭、その横には一万三〇〇〇トン以上の神経剤、マスタード剤があった。隊員や地元労働者が事故で病に冒された。弾薬庫からのＣＳガスの漏出では高校生を含む数十名の沖縄の人が負傷した。

近年になってもなお嘉手納空軍基地は、米空軍が大規模に航空機、Ｆ-35Ａ戦闘機などを配備し、継続使用している。配備は、燃料、溶剤、その他の危険薬品にまつわる汚染と隣り合わせだ。

現行の施策には限界があり、政治的・財政的な理由で米軍は環境検査の実施を怠るため、嘉手納空軍基地を原因とする公害は、土地が返還されて初めて発覚するのが現状だ。枯れ葉剤のダイオキシンを含んだドラム缶一〇八本の有毒廃棄物が沖縄市サッカー場の土中から発見されたとき、日本の納税者は九億七九〇〇万円の浄化費用を支払った。米軍は基地内学校に通い庭先で遊んだため発病したアメリカの子供のことも見ないふりだ。

また、これも嘉手納基地跡地だった北谷町の神里で、ダイオキシンが発見されたことは二〇一五年に報道された。返還後、この場所は住宅地として開発されたが、住民はゴミを掘り出し地面からの悪臭を通報した。これも軍がゴミ捨て場として使用していた土地だったようで、試験では安全基準の一・八倍のダイオキシンが検出された。

二〇一七年一二月、嘉手納町の小学校で土木作業員がまたしても軍のゴミ、一四〇cm長のボンベ一五本を掘り当てたと報道された。「US ARMY」と書かれてあったそれらには酸素が充塡されていたと見られる。

FOIAで公開された一万ページを超える内部報告が明らかにしたのは、今日の軍自体が、嘉手納空軍基地で使用される物質の危険性に無知であるということだ。

文書は、前任者のせいで汚染に足をすくわれた隊員の数々の事件を記録している。土中から発見された石油、油、潤滑剤、忘れられた地下貯蔵燃料タンクなど、中には二〇一二年三月二一日、おおよそ四五〇リットルのディーゼルを垂れ流し付近の耕作地を危険に曝した事件もある。**【写真6・1】**

二〇一四年七月一日、基地内に埋却されていた不知の化学物質入りドラム缶が発見された。このとき即座に発せられた電子メールは、受信者らに「目立つような行動は控えるよう願う。メディアには公表したくない」と促すものだった。

ＪＥＧＳは、第4章で説明したように、過去の汚染について米軍の責任を問わない。このため、汚染はそのままにしておこう、日本政府への報告を行わないでおこう、だから隊員や近隣に暮らし働く家族にも知らせないでおこう、ということになる。

私がＦＯＩＡ経由で入手した米空軍報告書のひとつ「文化財調査(一九九九年九月一七日)」では、嘉手納空軍基地内の弾薬庫跡地について、「ほとんどの谷底に軍のがれきが散在していた。なかには錆びたドラム缶、訓練弾、場所によっては不発弾もあった」と書かれていた。

**写真6.1**　2012年3月，嘉手納弾薬庫で廃棄された貯蔵タンクから450リットルの燃料が漏出.(FOIA経由で著者が入手)

ＦＯＩＡ公開文書には、基地付近で頻繁に発見される不発弾についても記録がある。二〇一六年八月九日、二二発の不発弾が発見され知花のゴルフコースの数カ所から避難しなければならなかった。二〇一六年一〇月一一日、さらに一二発の不発弾が発見された。この時は、徹甲弾であったため、軍は全コースからの避難を余儀なくされた。

白リン弾不発弾の事件も頻発している。二〇一五年

**写真 6.2**　2015 年 1 月，嘉手納空軍基地で偶然白リン弾が発掘された．(FOIA 経由で著者が入手)

一月二二日、空軍基地のパトリオット・ミサイル地点で作業中の建設工兵が一・八一kgの有毒金属を含有した不発弾を偶然掘り出してしまった。環境担当官は、汚染土を採取すれば大爆発につながるのではないかと恐れて、くすぶり続けるままこれを一日以上放置した。**【写真6・2】**二〇一六年六月三〇日、またしても白リン弾が煙を出しているのが弾薬庫でみつかり、弾薬が解体されるまで七六二mの待避が行われた。

　不発弾だけではない。危険なレベルの鉛その他の重金属に、日本人も米国人も曝されてきた。

　何十年も、弾薬庫内の工業用炉では、待避勧告なしに弾薬や「その他、通常のものとは考えられない《エキゾティック》火器」を焼却してきた。一九九三年、調査者は、焼却炉付近の土地に一kg当たり一万三八一三mgの鉛汚染を検出した。小規模農家、菜園などがこの地域にあり、水路にも近いと報告書にある。

　別の焼却溝は、一九九四年四月の報告書で、土壌の鉛濃縮が一kg当たり五〇〇mgあり、ここでも農家の耕作地が近接していたとあった。

　日本政府が定める鉛による土壌汚染の浄化基準は一kg当たり一五〇mgである。日本は農地に関する基準はないが、ドイツの例では、許容できる最大レベルを一kg当たり一〇〇mgとしている。

この汚染について、地元農家への通報を行ったかどうか在日米軍に問い合わせたところ、通知記録は保管していないと言われた。

一九九九年の報告書には、嘉手納空軍基地内の射撃場で発覚した深刻な鉛汚染について詳述されていた。一九七九年以来、射撃場は多種の武器訓練に使用されてきた。調査によって、土壌は鉛で汚染されており、高いところでは一kg当たり四万三〇〇〇mgの値があり、汚染は射撃場から拡大しているとのことだった。

調査者は、汚染のひどい土壌は有害廃棄物だが、大気と土壌への拡大を招くので、移動してはならないと指示した。

報告書は、補修作業員が鉛を含む微粉に曝露した可能性を懸念していた。これ以外の危険として、風雨が鉛を地域の水系に運び、小川や飲料水の井戸に運ばれた可能性が指摘された。風の強い日に、鉛汚染土が子どもケアセンターに吹き込んだおそれにも言及していた。

この他、一九九七年内部報告書で明らかになった重金属汚染として、金属の腐食を取り除くためのサンドブラスティング(砂を吹き付けて汚れを落とす作業)から出た廃棄物があった。吹き付け後の廃棄物は、カドミウムが安全基準リットル当たり〇・三mgに対して二・三mg、クロミウムが安全基準リットル当たり一・五mgに対して二二mgという高いレベルで検出された。カドミウムは骨を軟化し腎臓障害の原因になる有毒物質で、富山県でイタイイタイ病の原因となった。クロミウムは高い発がん性を持つ物質だ。

報告書は、空軍被雇用者がこれら毒物に曝露した危険に加えて、かつて基地内に埋却されたものが土壌を汚染したということは、可能性として水源をも汚染したのではないかと指摘した。

重金属だけではない。嘉手納空軍基地の二〇〇〇年から二〇〇一年の調査で、宿舎、食堂、ボイラー室などの建物の深刻なアスベスト汚染が発覚した。様々な部隊が訓練で使用した病院の廃墟もそのひとつだった。なたや鋸でブリーチング（救出目的で壁などを破壊）する訓練がアスベストを封印していたドアを壊し、アスベスト粉末は四六〇㎡の屋内で拡散した。

WHO（世界保健機関）は、職業がん死亡原因の二分の一をアスベストが占めていると推定している。近年、日本の基地従業員は、アスベスト汚染環境での作業が原因として日本政府から労災を勝ち取った。二〇一四年、日本政府は二八人に対し被曝を認定したが、生存者支援グループと基地従業員組合は、被害者数はさらに増えると見ている。

二〇一六年四月、私は、アスベストに関するレポートを在日米軍に送り、訓練中に被曝した可能性のある自軍の隊員への警告を促した。だが、内部情報によれば、軍は報告を無視、被曝が懸念される隊員へは何らの措置も行われなかった。米国内と同様に在沖米軍は自軍兵を使い捨てにしていることの証左だった。

このような犯罪的というべき見殺し行為は、軍隊が隊員と家族のために管理している沖縄の住宅や学校に及んでいる。二〇一四年九月三〇日、国防省監察官は、基地内住宅の状態について、在沖米軍を叱責する報告書を発表したが、これには嘉手納空軍基地も含まれる。報告書は、ラドン値の上昇と「慢性疾患につながる」カビなど深刻な問題について明らかにした。

沖縄の海兵隊住宅にも同じ問題が指摘できる。

二〇一五年八月二七日、米空軍も、嘉手納空軍基地内の八カ所の教育機関で水質の安全報告を公表した。一六五カ所の水道でＥＰＡの安全基準二〇ppbを上回る鉛汚染を発見した。危険が指摘された水道のいくつかは、学校の調理場、水飲み場にあり、カデナ・ハイスクールの水飲み場からは一九〇ppbの鉛汚染が検出された。

報告書は、「健康への影響は、脳、赤血球、腎臓への被害の恐れがある。その他、低ＩＱ、聴覚障害、集中力持続の低下などがある」とした。

鉛汚染水が出た学校のうち、二校は、沖縄市のあの第3章で見たダイオキシン廃棄場だったサッカー場の隣にあった。

## 恩納村のＰＣＢ汚染

嘉手納空軍基地の、自軍が生んだ公害の遺産との終わりなき格闘は、ＰＣＢのケースにもっともよく現れている。

二〇世紀にＰＣＢは変圧器の冷却剤として普及していた。しかし健康への害悪の証拠が積み上がり製造は一九七九年に廃止となった。今日、これらは残留有機汚染物質と分類され、神経、免疫、生殖機能を阻害し、がんに関連があるとされる。ＰＣＢは環境で分解されず、土壌を数十年間汚染し続け、貝や魚など汚染された食品を摂取する人間の身体で長期にわたって生物濃縮する。

これまで見てきたように、ＰＣＢ汚染は地域の野生動物や返還跡地で検出されてきた。なかでも深刻だったのが恩納村である。

**写真 6.3** PCB 汚染油のため池が嘉手納マリーナに近いことを図示する 1985 年の写真.（FOIA 経由で著者が入手）

嘉手納空軍基地では、ＦＯＩＡ入手報告書によれば、一九七〇年代に隊員が大規模にＰＣＢ汚染油を屋外の二一ｍ幅のため池で保管していた。報告書によれば、沖縄の人に売ったり、燃料と混ぜて基地内で焼却したりしており、いずれの慣行も関与した人々を危険に曝した。**【写真６・３】**

ため池に注目が集まったのは一九九八年だった。元基地労働者が沖縄のメディアに対してその実態を語り、報道がこれに続いたことで、公的調査が要請されたのである。

保管用のため池は嘉手納マリーナ、水泳や釣りで馴染みの米兵向け娯楽地を見下ろす丘の頂上にあった。過去に、海からＰＣＢが検出されており、汚染はため池から地下水や雨で溢れた水によって拡大したと見られる。

二〇一四年二月、嘉手納空軍基地のＰＣＢ汚染に関するさらなる情報は、別の内部告発者Ｆ氏から提供された。この人物は一九八〇年代に嘉手納基地で米空軍広報次官を務め、疑わしいと考えた内部報告書を手元に保管していた。

彼が私に提供してくれた文書によれば、一九八六年一一月、軍担当官は、基地の変圧器油漏れによって極めて高いPCB汚染があると発見した。環境試験で、漏出した油はPCBを二一四ppm含んでいた。土壌は二二九〇から五五三五ppmという高いレベルで汚染されていた。

「(一九八六年一一月の漏出)事件は釣りエサ用のミミズ缶のようなもので、一度開けてしまったら、もう手の施しようがなかった。屋外保管所の土壌サンプルは漏出の有無にかかわらず高い値を示していた」とレポートは言う。

濃縮レベルは国際安全基準をはるかに上回っていた。汚染の発見時、日本のPCB土壌汚染の浄化基準は三ppm、米国では二五ppmだった。今日日本の規制は〇・〇三ppmといっそう厳しい。米国では、滞在を短時間に限定することで曝露の危険が低減される工業区域に限って、二五ppmが許容される。

内部告発者の報告書は、またしても米軍が安全よりも対外的なイメージを気にかけていたことを示す。沖縄における米軍プレゼンスを支持していた保守系の西銘順治知事が、一九八八年六月の県議会選挙を控えており、米空軍は、汚染報道が知事の立場を台無しにするのではないかと心配していた。

報告書からは、嘉手納のPCB汚染が公になれば、その他の米軍基地でも試験を要求する声が高まる、これは軍がなんとしても避けたいものだったことも窺える。

さらに、私がFOIAから入手した別の文書によれば、嘉手納空軍基地のPCB問題は一九九〇年代まで続く。他の沖縄の基地から汚染土が搬送され、駐留地内には数え切れない重大汚染地点《ホットスポット》が生まれる結果となった。

一九九三年の調査者はPCB汚染が比謝川に拡大した懸念を指摘していた。一九九九年、基地は

「ＰＣＢとその他成分」について、年に一度、ひとつの水道管蛇口から、飲料水の試験として行っていた。基地提供区域を出る水の試験は年に四回だけだった。

## 国際問題となった在日米軍のＰＣＢ

二〇〇〇年、嘉手納やその他の在日米軍基地におけるＰＣＢ処分の件が国際問題となる。この時点で、在日米軍が保管するＰＣＢ汚染物はおおよそ三二二〇トンになっていた。

神奈川県の米陸軍相模総合補給廠が抱え込んだ大量のＰＣＢ汚染物について、一部を海外に輸送して処理する計画があった。四月、おおよそ一〇〇トンの廃棄物を積んだ民間のコンテナ船ＷａｎＨｅ号が、カナダに入港を試みたが危険廃棄物輸入禁止規制のため退けられた。

ＰＣＢはカナダに続いて米国からも拒絶された後、一時的にだが再び日本に戻ってきた。

船が最終的に汚染貨物を荷卸ししたのは、東京から南東に約三二〇〇km離れたウェイク島だった。ペンタゴン管理下のこの小さな島は、ジョンストン島や沖縄のように、米国本土から充分に距離があって市民の監視の目を逃れているために、有毒廃棄物の捨て場所にしても構わないという軍の感覚が見て取れる。

最終的な解決のため、二〇〇三年からＰＣＢ廃棄物は米国に送って処理することとなった。こうして二〇〇三年一月から二〇〇四年四月の間に、約一四〇〇トンが運ばれた。

第4章で述べたように、二〇一三年一一月、日本政府は閉鎖された恩納通信施設から、ＰＣＢ汚染廃棄物を処理するため福島県に移送し、論議を巻き起こした。

沖縄県の記録によれば、嘉手納空軍基地はPCB浄化処理を一九九二年六月二四日に完了したと発表、だが、実際にはその問題は二一世紀に持ち越され、今日なお基地を悩ませている。

ＦＯＩＡ報告書から事例を挙げよう。二〇〇四年九月二一日、四一六リットルのPCB汚染油が基地内で漏出した。もっと最近の話として二〇一一年に、内部調査者はPCBに関する基地の方針を「重大欠陥」と酷評した。汚染した変圧器の安全保管区域がない、危険物を入れた容器に表示が付いていないという点には下線が引かれ強調されていた。同じ報告書で、二〇一二年には駐屯地に存在する五〇〇基の変圧器のうち、PCB試験を実施したものは半数に満たないという。

近年、こうした変圧器からの漏出、爆発事例も続いている。

## 有害物質、爆音——空から降ってくる危険

嘉手納空軍基地は足下からの汚染の危険の他にも、民間地に軍用機が空から燃料を投棄した数々の事例があることをＦＯＩＡ公開報告書が明らかにした。地上の人々にベンゼン、ナフタレン、有害添加物など深刻な病に関連づけられている物質を降り注いだのだ。二〇〇五年一〇月一九日の事例では、航空機がバルブ故障の後、渋滞で知られる国道五八号線に燃料を投棄した。二〇〇六年五月一五日にも同様の故障で、二〇六三リットルの燃料を投棄。二〇一一年八月一六日には、機内で発生した緊急事態のため、F-15が一五〇リットルの燃料を低高度から投棄、事故報告書は「地元地域への影響はなし」と結論づけた。

嘉手納飛行場では航空機から出る悪臭も問題になってきた。たとえば二〇一六年七月の大気調査は、

ベンゼン、1，3-ブタジエン、いずれも発がん性がある物質が安全基準を超えていた。

JEGSは米軍航空機に適用されないため、在日米軍はこうした汚染を減らす努力や報告の義務がない。

嘉手納基地や、米海兵隊普天間飛行場、厚木飛行場、横田空軍基地などの付近に住む人々は、航空機騒音が健康に害をもたらすと訴えてきた。長期にわたる騒音曝露と疾病との関係は多くの文献に示されてきた。たとえば、WHO（世界保健機関）の二〇一一年報告書は、心臓疾患、耳鳴りの原因となる可能性の他、睡眠周期の阻害は記憶の固定化を乏しくするとしている。曝露は、特に子供にとって、認識力が阻害される点で有害である。

日本の法廷は、嘉手納飛行場のそばで生活する人々に対する騒音被害を繰り返し認定してきた。一九九八年には一三・七億円が九〇〇人に、二〇〇九年には五六・三億円が五五〇〇人に、ごく最近では二〇一七年二月二三日、三〇二億円を二万二〇〇五人の住民に支払うよう命じる一審判決があり、これは日本政府が負う過去最大の賠償額となった。

二〇一七年一〇月現在、日本政府は控訴し、判決はいまだ確定していない。

一審の判決は嘉手納の航空機騒音が睡眠妨害のほか高血圧症のリスク増大の原因となることも認定した。さらに大人よりも子供への影響は特に深刻であること、騒音は沖縄戦生存者のトラウマ的記憶を思い出させることに言及した。

米軍はそれ以外の汚染と同じように、爆音についても責任逃れを許されている。地位協定第一八条に従うなら、損害の七五%を支払う義務がある。だが、この爆音公害訴訟の賠償は、最終的に支払われるとしても、日米安保条約に基づいて日本政府が提供する施設における行為であるとして、日本の納税者によって負担されることになるのだ。

## 垂れ流しで地域水源を破壊

これまでに指摘した通り、嘉手納飛行場と弾薬庫は島の飲料水供給に欠かせない土地を占拠している。飛行場には二三カ所の井戸があり、基地内外の飲料水に使用されている。駐屯地内をはう三〇万m以上の排水溝からの雨水が地元河川に注ぎ込んでいる。私がＦＯＩＡで取得した文書が示すのは、基地がこの水循環系におよぼす公害の状況だった。

一九九二年八月一四日付報告書は、基地内の消火訓練地区からの汚染に焦点を当てた。嘉手納マリーナ上方の丘陵に位置し、ＰＣＢのため池が設置されていた付近である。

調査者が発見したのは、いずれも有害物質である燃料と泡消火剤が訓練地区から海に注いでいることだった。報告書によれば、軍はあいまいな翻訳のせいで日本の環境諸法に違反するのかわからないとした。だが放出は明らかに軍の規則に反する。消火剤を雨水溝から排水することは軍が禁止しているのだ。

航空機を洗浄する防錆整備区にも懸念があった。これは化学品を使用して塗装を剝がし再塗装する場所である。廃液の一部が地面に浸透し、海に流れるようになっていた。排水からはボロン（ホウ素）、フェノール、重金属、シアン化合物などの汚染物質が検出された。

この他、一九九二年の報告からは、工業廃水処理装置が機能せず、汚染物質が下水に浸入していた。

**写真6.4**　2008年，嘉手納空軍基地で発生した小規模な燃料漏れ．（FOIA経由で著者が入手）

その物質には、塩化メチレン、フェノール、鉛、クロミウム、亜鉛が含まれ、すべて許容基準を超えていた。

最近でも、嘉手納飛行場の環境安全が改善されたとは決して言えない。ＦＯＩＡ公開文書で一九九八年から二〇一六年までにおおよそ六五〇件の環境事故がこの駐留地で発生しており、二五三件は二〇一〇年以降のものである。

基地内に留まる小規模の漏出から、数万リットルの燃料や未処理汚水を大規模に地元の河川に放出したものまで幅広い。【写真6・4】

一九九八年から二〇一六年の間を総計すると、五万五〇〇〇リットルのジェット燃料、一万三七〇〇リットルのディーゼル、四八万リットルの汚水になる。二〇一〇年から二〇一四年の間に発生したと記録される二〇六件の事故中、五一件は事故か人為的過誤《ヒューマン・エラー》で、日本当局への通報が行われたのはわずか二三件であったことが明らかになった。

文書の大半は要約されデータのみつからない期間が数カ月分に及ぶため、実際の数値はさらに大きいものとなるだろう。

前章で論じてきた米海兵隊の事故のように、嘉手納の報告書も、軍の対応能力の欠如が、地域の水を繰り返し危険に曝してきたことを明らかにしている。

**写真 6.5**　嘉手納空軍基地付近の河川にディーゼルが垂れ流された．(FOIA 経由で著者が入手)

たとえば二〇一一年八月六日、七六〇リットルのディーゼルが比謝川に流出、これは操作担当者が台風襲来前に発電機のタンクを放置したために起こった。**【写真6・5】**二〇一二年六月一一日、技術者がフードコートに出かけていて電話が鳴るのに気づかないうちに、一九〇リットルの燃料が流出、対処に取りかかった時すでに一時間二〇分が経過していた。最近では二〇一五年二月、一七〇リットルの燃料、二三リットルの油圧油漏出について、緊急班の警告があったにもかかわらず、環境班は、二度の事故いずれにも対応できなかった。

沖縄の飲料水への脅威は、このほか、未処理汚水の漏出から発生した。二〇一〇年一一月一二日、五万七〇〇〇リットルの汚水流出で白比川[西普天間インダストリアル・コリドー北端を流れる」と海が汚染された。

二〇一三年六月三日、マンホールから溢れた二〇万八〇〇〇リットルの汚水が比謝川に流出したが、基地から地元役場に通報があったのは二七時間後だった。内部電子メールは「メディアではほとんど報道されていない。これはいいニュースだ」とコメントしていた。

二〇一四年七月三一日、隊員らが数百リットルの医療廃棄物、「期限切れの注射液」と書かれたものを、基地内排水溝に垂れ流した。「みつかったり通報されたりした様子は見られないが、乳白色の液が比謝川に達していたら世論は怒り心頭だっただろう」と報告書は記した。この事件は日本政府に報告されなかった。

## 二一世紀のエージェント・オレンジ——パーフルオロ化合物

火災の脅威は常に空港につきまとうものだが、軍用空港ではなおさらであろう。航空機は燃料に加えて爆薬を積んでいる。燃料火災の消火に水は役に立たない。単に蒸気になってすめばよいが、ひどい場合には、熱した天ぷら油の鍋に水を注ぐのと同じ火災爆発を招く。

一九七〇年代、米海軍は燃料火災を鎮静し素早く消火する特性の泡の開発を支援した。これは「水性皮膜形成泡」(AFFF)と命名された。軍用・民生用を問わず何千という空港は、この泡消火剤を消防車や格納庫のスプリンクラー装置に搭載した。火災訓練場でも演習で大規模に散布され、海に流出した。

枯れ葉剤の歴史と酷似するが、数十年間、米軍はAFFFが有毒であることを隠してきた。これはパーフルオロ化合物として知られる毒性物質、ＰＦＯＳとＰＦＯＡなどを含有した。一九七九年から空軍の研究はこれら化合物が実験動物の細胞や肝臓を損傷すると明らかにしており、低体重出産の原因でもあった。一九八〇年代の研究でこれらの発見は実証され、一九八三年に行われた米陸軍の研究では、パーフルオロ化合物の悪影響はダイオキシンのＴＣＤＤのそれに類似するとした。

こうした研究があるにもかかわらず、軍はＡＦＦＦの危険性を公表せず、世界中の基地で泡消火剤の使用を継続した。

軍が泡消火剤の危険を隠蔽したため、民間人がその損害を知るにはさらに数十年を要した。二〇〇六年になってようやく、たとえば、ＥＰＡ（米環境保護庁）はこの泡消火剤に発がん性があるとの第一報を発表、だが軍は依然としてこれを散布し続けた。

今日、ＥＰＡはパーフルオロ化合物を原因とする数々の深刻な健康問題を認識しており、「妊娠中の胎児から乳児に発達面での影響（低体重出産、思春期早発症、骨格変異）、がん（精巣、腎臓）、肺への影響（組織損傷）、免疫系への影響（抗体産生と免疫）、甲状腺への影響、その他の影響（コレステロール変化）」などを挙げている。

危険なのはその物質の残留性だ。人体内では五・四年で半減、これは鉛の六〇倍も長い。環境中でも長期間毒性が残留する。米軍はＡＦＦＦを長期にわたり散布したため、基地近くの環境にはすでに侵入している。

アメリカでは三七カ所の駐屯地においてＡＦＦＦの使用が地域の水源を汚染したと考えられ、六〇〇万人の飲料水に影響を及ぼした。

二〇一六年、ＥＰＡは飲料水のパーフルオロ化合物勧告値を一リットル当たり七〇ナノグラムとした。これは七〇pptとも表現される極めて微量の数値だ。泡消火剤の毒性は極めて高く、たった数滴でオリンピック級水泳プールの汚染はＥＰＡ基準を超える。

ＦＯＩＡで入手した文書は、米軍が日本に拡大したＡＦＦＦの危険性を明らかにした。さらに沖縄の水源を汚染する事件をたびたび隠蔽していた。

報告書で明らかなのは、在日米軍がＡＦＦＦの危険に早くとも一九九二年には気づいていたことだ。つまり訓練場から泡消火剤を海に放流したとして、調査者が嘉手納飛行場を批判した時点だということだ。

二〇〇一年から二〇一五年にかけて、この基地は、過誤によりこの物質を少なくとも二万三〇〇〇リットルは放出している。二〇一二年八月一六日、日本人消防士が誤って消火装置を作動し一一四〇リットルが垂れ流された。二〇一五年五月二三日、酔った米海兵隊員が駐機場を通りがかりにスプリンクラーを作動させ、一五一〇リットルを撒き散らした。米軍はこの事故を器物損壊《バンダリズム》と表現している。漏出は地域の水源に影響を与えるが、地位協定によって彼は日本の法律で処罰されない。日本政府にもまったく報告されなかった。私が海軍犯罪調査局から入手した報告書が明らかにしたところでは、酔った海兵隊員の行為で駐機場は九万二三八一ドルの損害を被ったが、この隊員の処罰は、わずかに九〇日間の禁錮と減給だけだった。

二〇一三年一二月四日に発生した事件の写真は、二二七〇リットルの放出後を捉えたものだ。技術的な誤作動を原因として、屋外駐機場に放出され、雨水溝に溢れた。車は窓ガラスまで泡の中に沈み、もくもくと泡が広がる様は、亜熱帯の沖縄に雪が降ったようで、奇妙に美しい。そのような幻想も、人体の健康に危険な化学物質であるとの現実の前に、即座に吹き飛ぶだろう。【写真6・6】

事故以外にも、ＡＦＦＦは消火訓練で散布された。場所は嘉手納マリーナから丘を登った一帯だ。消火剤に加えて、油圧油もパーフルオロ化合物の出所として知られる。二〇〇八年以降、嘉手納飛行場の事故は一六七〇リットルを流出させた。【写真6・7】

パーフルオロ化合物流出を発生させた沖縄の米軍基地は嘉手納だけではない。米海兵隊普天間飛行場では、二〇〇五年から二〇〇九年の間に、少なくとも三度、合わせて二六六九リットルのＡＦＦＦを流出させた。そのうちひとつは、二〇〇七年八月一六日、七五七リットルを漏出、うち一八九リットルは基地を離れて「短い運河から洞穴へ」入って行った。

この数年間で、米海兵隊普天間飛行場では油圧油漏れも四〇五リットル起こっている。

**写真6.6**　2013年12月，故障により2270リットルの泡消火剤を放出した．（FOIA経由で著者が入手）

山口県の米海兵隊岩国飛行場から出たFOIA公開報告書には、在日海兵隊がAFFFの危険性にずっと気づいていたにもかかわらず、今も使用を続けていることを明らかにする。一九九七年八月二一日の事故報告書によると、消防車から三〇二八リットルの泡消火剤と水が基地の排水溝にあふれた事故を、環境担当官が「水質に害を与える」と記載した。

一九九七年から二〇一六年の間に、海兵隊岩国飛行場では、少なくともほかに一一回の泡消火剤漏出が起こった。二〇一三年二月五日に流出したものは、「危険物質」とある。さらに二〇一五年五月一五日の泡剤の流出は「PFOS汚染」と記載された。だが基地外に漏出したというのに、レポートによれば、日本政府には報告されなかった。

明らかに、米軍はAFFFの毒性についての情報を三〇年以上も隠蔽した。米軍は、一九七九年にはその危険性に気づいていたにもかかわらず、二〇一六年四月、パーフルオロ化合物がJEGSの下で報告すべき危険物質の一覧に初めて加えられるまで報告しなかった。

長く続いた隠蔽が沖縄の人々を傷つけた。米国内同様、軍のパーフルオロ化合物使用は、EPAの

**写真 6.7** 2015 年 2 月，普天間飛行場で海兵隊が実施した消火訓練.（米国防省ジャネッサ・ポン上等兵所蔵）

定める勧告値七〇pptをはるかに超える濃度で沖縄の水を汚染してきた。

二〇〇八年、嘉手納の基地内にある井戸は一リットル当たり一八七〇ナノグラムもの高い値を記録した。二〇一四年二月から二〇一五年一一月の間、嘉手納飛行場付近を流れる大工廻《だくじゃく》川の地元検査では、一リットル当たり一三二〇ナノグラムもの高いＰＦＯＳ値を検出した。

北谷浄水場の汚染発見は、多くの人々を不安に陥れた。那覇を含む沖縄中部南部七つの自治体に飲料水を供給する施設で検出された一リットル当たり八〇ナノグラムという記録は、ＥＰＡ指針を上回るものだったからだ。米海兵隊普天間飛行場付近の検査でも多数の水源がＥＰＡ基準を超えて汚染されていることが明らかになった。たとえば二〇一六年九月沖縄県の検査で喜友名《ちゅんなーがー》泉から一リットル当たり一三〇〇ナノグラムの汚染が検出された。

沖縄における濃度と比較するため厚労省のＰＦＯＳ検出値を見てみると、過去一〇年間でもっとも高いもので一リットル当たり二二ナノグラムであった。

## うち捨てられる沖縄の汚染

沖縄の汚染発覚に対する米軍の反応はいかにもという偽善者ぶりだ。

二〇一六年三月、米空軍は米国内の六六四カ所と、ドイツのアンスバッハ陸軍駐屯地のＰＦＯＳ汚染の調査を実施すると約束し、汚染された自治体のいくつかに対しては、ボトル入りの水を含む代替水を提供してもいる。二〇一七年一〇月、米国防省は韓国の四カ所の米陸軍基地でもパーフルオロ化合物汚染を検出したことを明らかにした。その結果、多数の水源が隔離・閉鎖されることにつながった。

沖縄で、米軍はそのような支援を何ら提供していない。

島の水系がパーフルオロ化合物で汚染されるとは、米軍の沖縄の環境に対するあきれるようなこれまでの記録と比べても、想像を絶する公衆衛生の危機だ。それと知りつつ飲料水に毒を盛ったその行為は、基地周辺のみならず何km も先の地域にまで影響が及ぶ。汚染は数十年に及んだと見られ、住民は知らされないままに高度に汚染された水を摂取し続けた。今日その公害の影響範囲は、数十万の沖縄住民、自軍の兵員はおろか、毎年島を訪れる数十万の観光客にまで及ぶことは言を俟たない。

沖縄住民が徹底調査を求めているというのに、日本政府は米軍に対してパーフルオロ化合物使用に関する説明も立ち会い調査も要請しない。住民は情報を知らされず、保護もされず、正義を行うための手立てがない。このままで構わないと不平を言わない日本政府の態度は、米軍の行為と同じくらいほとんど犯罪的と言うべきだろう。

パーフルオロ化合物公害は、依然として法と人権による保護の外部におかれたままの沖縄の姿を浮き彫りにする。ペンタゴンにとって沖縄は今でも太平洋のジャンクヒープ《鉄屑の山》なのだ。米軍が透明性を保ち、最終的には日本における環境破壊への責任を負うよう強く求める確固たる取り組みが実施されなければ、これからも状況は変わらないだろう。

# 第7章

# 日本本土の米軍公害

## 日本全体の米軍基地

現在、七〇・二八％の在日米軍が沖縄に集中し、その施設数は三一にのぼる。

これ以外に四七カ所の米軍基地が、沖縄県外、つまり日本本土に存在し、七八二二一・九ヘクタール（対して沖縄は一万八四九九・三ヘクタール）の面積を持つ［二〇一八年一月一日現在、防衛省サイトより］。ペンタゴンによれば、これらの日本本土施設の中には太平洋地域の最重要施設がある。

横田空軍基地は、東京都福生市ほか四市一町に所在する、在日米軍司令部基地である。七一三・九ヘクタールの敷地面積に、三三〇〇ｍの滑走路を備え、第三七四空輸航空団の二〇機のヘリコプターと航空機を受入れるほか、元ＣＩＡ契約職員であったエドワード・スノーデンも二〇〇九年に勤務したという国家安全保障局（ＮＳＡ）の大規模諜報拠点も擁している。

神奈川県大和市と綾瀬市にまたがる厚木海軍航空施設は、太平洋地域最大の海軍航空基地だ。ダグラス・マッカーサー将軍が一九四五年に降り立った場所として知られるこの基地は、今日五〇五・六ヘクタールの駐留地に、七〇機の海軍ヘリコプターと戦闘機を受け容れている。

山口県には安芸灘海岸に位置する、八六四・六ヘクタールの海兵隊岩国飛行場があり、二〇一〇年に埋立により新滑走路が追加建設された。

二大米軍港は、長崎県佐世保、神奈川県横須賀にある。二三三六・三ヘクタールの横須賀海軍基地は第七艦隊を擁し海外基地では海軍最大を誇る。複数の駆逐艦、誘導ミサイル装備巡洋艦に加えて、米国外に配備される唯一の原子力空母USSロナルド・レーガンの母港となっている。

日本本土の大きな米軍基地といえばこのほか、在日米陸軍司令部のある神奈川県のキャンプ座間があり、その近くの相模総合補給廠には多様な物資が貯蔵されている。横浜市鶴見区の沿岸には、一八・四ヘクタールの貯油施設があり、厚木、横田飛行場に燃料を供給している。

北へ目を向けると、青森県には三沢空軍基地が、一五九六・八ヘクタールの面積に米海軍、空軍、陸軍を受け容れるほか、アジアと世界を捜査する国務省の主要な諜報拠点を擁している。

米軍は、ここに挙げたすべての基地を汚染し、おそらく、日本本土四七カ所のあらゆる基地でも同じことが言えるだろう。

土壌と水質は、重金属、放射性物質、PCB、燃料とパーフルオロ化合物で汚染されてきた。発がん性のトリクロロエチレン(TCE)は陸軍基地で地下水に浸潤した。軍工兵隊は深刻な汚染の過ちを繰り返してきたが、現行の指針を理由に、回復のために何の措置もとってこなかった。基地内の火災は、燃えるにまかせられた。基地司令官は化学物質の炎上性質を特定できず、民間の消防隊は地位協定による制限で立ち入りを禁止されているためだ。沖縄と同様に、基地返還地で発見される深刻な汚染は、地元住民を不安に陥れ、再開発計画を遅らせた。

冷戦後、米軍がどれほどの核兵器を日本本土に持ち込んだかについてもはっきりしてきた。そして日本政府は、非核という国の立場が公的に信じられているにもかかわらず、核兵器の存在を認知していた。今日もなお米軍の核保持という危険性は残存しており、なかでも横須賀では、東京湾の入口で原子力戦艦上の事故が起これば、この国最大の人口密集地に途方もない災厄をもたらすだろう。

## 冷戦時代の軍事公害

日本本土で現在米軍に占拠されている基地の多くは、日本帝国軍に属していた。横須賀海軍基地は一八六〇年代に日本初の近代的兵器廠として設置され、現在の厚木飛行場は一九三八年日本帝国海軍によって設立されたものだ。

初めに日本軍の軍事行動がこれらの土地を汚染した。私がＦＯＩＡ(米国情報自由法)で入手した横須賀米海軍の報告書に例を取ると、二一世紀に入って発見された土壌汚染の原因が、一九四五年以前の燃料漏れに帰せられていた。何十年後になっても発見されること自体、危険物の漏出が非常に長期にわたって環境に影響を与え続けるということを示している。

第二次大戦の不発弾は日本本土のあちこちから発掘され続けている。第2章で見たのと同様に、戦後、廃棄された日本の化学兵器が、沿岸部でも陸地でも多くの人々に危害を及ぼし、負傷の原因となってきた。二〇〇二年九月、神奈川県寒川町で建設労働者が接触し負傷したのは、八〇〇本のマスタード剤、ルイサイト、催涙ガスであったことが後になって判明した。二〇〇三年四月、神奈川県平塚市では、労働者がシアン化水素に接触し病院に搬送された。

第二次大戦後すぐに、軍事基地付近に住む日本本土住民は、入れ替わりに家主の座に収まった米軍が起こす環境問題に気づき始めた。

一九四七年から開港した立川飛行場では、廃油貯蔵タンクと燃料配管からの漏出が、地元の水源を汚染した。一九五二年までにその影響は八万五七六五ヘクタール、二三一七世帯に及び、合わせて九九六五人が影響を受けた。汚染濃度がきわめて高く、地元の井戸から引いた水には火がつくこともあった。水から検出された物質の中には、テトラエチル鉛という、中枢神経系を損傷する可能性があり生殖障害の原因となるものもあった。

この他にもあった立川飛行場の汚染に怒った人々は、一九五〇年代後半、基地の拡張に反対する砂川闘争に向かった。

後年、米軍の作戦行動は横田空軍基地などでも水源を汚染した。

一九五二年、サンフランシスコ条約で日本本土の米軍占領は終わるが、軍の存在とこれに伴う事故や犯罪は継続し、地元を怒らせた。その後、米国政府は隊を沖縄に移駐させた。全島が支配下にあって民間地を収用でき、人権を踏みにじっても免責された場所だった。この時期、海兵隊は、岐阜県と山梨県などから沖縄に新たに拡大した基地へ移転した。

一九五五年から一九六〇年の間に、日本本土の米軍基地施設は六五八カ所、約一三万ヘクタールから二四一カ所、三万三五〇〇ヘクタールに縮小したが、沖縄の基地は約二倍になった。この本土と沖縄の不均衡は現在まで続いている。

米軍が南ベトナムに最初の戦闘部隊を派遣した一九六五年頃、日本本土には一四八カ所の駐留施設があった。その卓越した著書『海の向こうの火事』（一九八七年）においてトマス・R・H・ヘイヴンズは、米軍がどのようにこれらの基地を活用したか、詳細を明らかにした。日本を守るためと表向きには言いつつ、東南アジアの侵略戦争に利用したのだ。紛争は一九六六年から一九七一年にかけて、年に約一〇億ドルという巨額の富を、日本企業にもたらした。

沖縄なくしてベトナムで戦争はできないとペンタゴンが宣言したのと同じように、ユーラル・アレクシス・ジョンソン米大使は、日本本土の基地の役割について明言していた。

「日本は我々のベトナムにおける取り組みに必須であった。港を提供し、設備を修繕・再構築し物資を補給し、航空機の中継地や負傷兵を看護する係留地となった」

そのような軍事行動が、触れるものすべてを毒したのだ。

戦場で破損した車両、兵士の武装装備品、戦車などは修理のため、相模総合補給廠まで運ばれた。その作業には危険物、酸電池、油や溶剤などの大量投棄が付きものだった。一九七二年、発がん性重金属とカドミウムが地域の河川に投棄されたとの報告がある。後に見るように、一九九二年の米議会公聴会で言及されたPCB汚染問題は二〇〇〇年になって輸入禁止問題に発展し、海外米軍基地は論争の焦点になっていた。

ベトナム戦争期には、日本本土の飛行場から空輸される兵員と物資は、まず沖縄に、それから戦場に運ばれた。立川基地からの便の記録は、週に五〇〇回を超えた。その燃料と油の漏出で周辺の環境は汚染された。

厚木基地は、米軍唯一の航空機エンジンの完全補修拠点だった。その工程では、おびただしい量の発がん性溶剤や防錆用化学物質が使用される。

海兵隊岩国基地の退役兵は、基地周辺に枯れ葉剤を噴霧して雑草駆除し、一九七〇年代初めには三沢にも同種の化学物質を送達する許可を出したことを覚えている。

地域住民の懸念材料となるものとしては他にも、熱帯の病に冒された兵士を受け容れた日本本土の軍病院が挙げられる。一九六八年、軍は東京都王子の病院で六名のマラリア患者を収用していると発表した。他にも日本の別の場所で手当を受けていた兵士もいた。

## 東京の真ん中を通過していた米軍燃料

沖縄で、燃料は軍用の漏れやすい配管の網の目で島中を廻っていたが、日本本土では、列車で運搬され、しばしば市街地を通過した。神奈川では南武線が頻繁に使用され、東京では、主要幹線である中央線が使われた。ピーク時には、一日に四八四万リットルの燃料が、西部郊外の米軍飛行場に向けて東京の真ん中を通過していた。

一九六四年一月四日の朝、そのような輸送の危険が明らかになった。米軍燃料を積んだタンク列車が立川駅で停車していた客車に衝突した。燃え広がった火災で八件一一棟の住宅とその他一一件の建物が被害を受け、避難時に二人の乗客がケガを負った。

三年後に再び、災厄が、今度は東京の中心部を襲う。一九六七年八月八日、新宿駅で貨物列車が燃料タンク列車に衝突した。火災は鎮火までに数時間を要し一〇〇〇便以上の列車が運休した。

日本本土の軍港は、すでに燃料、溶剤、汚水による被害に悩まされていたが、一九六四年に新たな脅威に直面する。米軍の原子力潜水艦が佐世保、二年後には横須賀に寄港を開始した。一九六八年、最初の原子力空母ＵＳＳエンタープライズが日本に来た。搭載された原子炉と積載を疑われていた核兵器という二重の放射能の危険を帯びた船艦の到来に憤り、数万人が抗議した。

米軍は、地元に対し船艦は安全だと保障したが、そのような約束の嘘は数々の事故で暴かれた。

一九六九年一月一四日、USSエンタープライズはハワイ沖で火災を起こした。水兵たちが発射装置をロケットに近づけ過ぎたため排気熱が爆発を引き起こし、連鎖して弾薬が爆発、一五機の艦載機を破壊し、二八人の乗組員が死亡、三一四人が負傷した。四時間続いた火災は、艦載した八基の核反応炉と一〇〇発と推計される核爆弾に達する手前で鎮火された。火災の後、艦長はUSSエンタープライズがほぼ全壊したと認めた。

日本本土の港湾に寄港する原潜も懸念材料だった。

一九六八年五月六日、佐世保港の原子力潜水艦USSソードフィッシュ付近で放射能汚染が検知された。第3章で述べたように、同じような汚染が同じ時期に、那覇港、ホワイトビーチでも確認されていた。

汚染水投棄問題ですでに充満していた佐世保住民の怒りは、内閣総理大臣だった佐藤栄作が発したコメントでさらに燃え上がった。基地の放射能事故への対処を問われた佐藤は、「佐世保の人口は少ないし、それに、そんなことは考えてさえもいない」と回答したのだった。

基地の負担を負わされた地域に対する侮蔑と、市民の命を守るという政府自体の責任に対する無自覚とが抱き合わせとなった佐藤栄作のコメントは、この頃の日本政府の核に絡むあらゆる態度を典型的に表している。それは、日本本土における米軍核兵器の存在をめぐる論争に、おそらく最もよく表れているだろう。

## 冷戦期日本の核兵器

ＷＭＤ(大量破壊兵器)計画については、日本本土での核兵器貯蔵に関する研究に立ちはだかる大きな障壁がある。核に関するとなれば何でも、米国務省は「肯定も否定もしない(ＮＣＮＤ)方針」で秘密主義を維持するのだ。日本側では日本政府が、米国の沈黙の壁の背後に隠れて無知を装う。

しかし、ＦＯＩＡによる情報公開請求、内部情報提供者や退役兵へのインタビューが、この問題にわずかながら光を当ててきた。初期の詳細な研究は一九九九年七月、「「米国の核の傘」の下の日本」と題したノーティラス研究所の東アジア核政策研究プロジェクトであった。より最近では、ダニエル・エルズバーグの『人類最終兵器《ドゥームズデイ・マシーン》』(二〇一七年)が、憂慮すべきさらに多くの情報を明らかにした。

エルズバーグの調査は次の重要な二つの点で成果を挙げた。(一)米国が一九五〇年代から、恐らく一九九二年まで、広い範囲で日本本土に核兵器を持ち込んだこと、(二)日本の指導者が世代を超えて、この国の非核原則に違背するその事実を認識していたことである。

エルズバーグによれば、一九五〇年代末、米海軍はＵＳＳサン・ホアキン・カウンティに核兵器を搭載し、海兵隊岩国基地の二〇〇ｍ沖に停泊させていた。電気系修理船を偽装していたこの船艦の停泊は、おぞましい内部対立の結果であった。海軍は、核戦争へ突入する決定が出たら、空軍の機先を制して最初に核爆弾を投下するよう海兵隊に期待した。「ハイ・ギア作戦」が嘉手納から兵器を日本本土の空軍基地に移送するのに数時間を要する。岩国では自分たちの兵器を受け取るのに数分ですむというわけだ。この種の兵器を用いた訓練は岩国基地沿岸部で実施された。ＵＳＳサン・ホアキン・カウンティは一九六七年まで近海に居続けた。

ノーティラス研究所は、一九五〇年代末には「米国の核兵器は日本の三つの基地に貯蔵され、定期的に別の九基地に運搬された」と主張している。

一九六〇年から一九六三年の間に、核兵器は日本に飛来したと、米兵アール・ハッバードは一九七二年に毎日新聞に語った。彼によれば、B-43爆弾、つまりUSSタイコンデロガが落としたものと同じ型が、合衆国からジョンソン(今日の入間航空自衛隊基地、埼玉県)、三沢、横田などの基地にもたらされ、嘉手納基地も目的地に含まれていた。

米空軍の航空輸送に加えて、研究は、米海軍も定期的に核兵器を日本本土の港に持ち込んだと指摘している。日本政府は繰り返し、核兵器輸送には米軍の事前協議が必要だと主張してきたが、米国側の記録は、そのような条件の存在に異論を突き付けている。

一九五八年一〇月、米海軍報告書は、通告なしに日本の港に核兵器を持ち込む合意に言及している。この見解は、後の文書、一九六九年四月米国家安全保障会議(NSC)文書や、一九七二年太平洋軍最高司令官(CINCPAC)による説明で裏付けられている。

一九七四年九月、数々の戦艦艦長を務めて退役したジーン・ラロック海軍少将は、米国議会原子力エネルギー両院合同委員会で次のように証言した。「私の経験では……核兵器を搭載可能な船はいずれも核兵器を携行した。日本その他の外国港に入港する場合に積み下ろすということはない」。

冷戦時代の日本本土への核兵器持ち込みにまつわる証言に、繰り返し登場する基地の名が「横須賀」だ。アメリカ海軍戦艦事典によると、一九六〇年代初期、米潜水艦は核兵器レグラス巡航ミサイルを搭載して横須賀に停泊した。

同じ時期、空母USSミッドウェイは横須賀海軍基地に兵器を持ち込んだ。一九七二年USSミッドウェイが母港を横須賀とする準備が整った際、米国務省は明らかに外交上の理由から、核兵器を取り除くよう勧告した。だが、海軍作戦司令官がこれを拒否、そのような行動は「作戦上、受け容れ難い」と説明した。USSミッドウェイは核兵器もその他爆弾と同様に搭載したまま、横須賀海軍基地を母港とし、それは一九七三年から一九九一年まで続いた。

## 核攻撃の開始権限を持っていた太平洋軍司令官

『人類最終兵器』の暴露のなかでも特に憂慮される事実は、誰が核攻撃を決行可能だったのか、という点だ。冷戦期には一貫して、米国政府は、大統領のみが命令できると世界中を信じ込ませていた。だが、エルズバーグの明らかにしたところでは、横須賀基地も傘下に置く米海軍西太平洋軍司令官は、大統領からの特別な命令がなくとも、核攻撃の開始権限を持っていたというのだ。交戦中の戦艦が大統領との交信を絶たれるときを想定したのだが、核をめぐる意思決定の委任は、「はみだし司令官」的な人間が私的な判断でことに及ぶ危険性に通じるものだった。

このような米軍の状況を横目に見つつ、日本政府は公式に、米軍港に核兵器はないとの保証を繰り返したが、その根拠は、「米軍から通告を受けていないのでそのようなものは存在しない」というものだった。日本政府は、ペンタゴンの「NCND方針」を悪用し、無知を装ったのだ。

核兵器が持ち込まれることを日本の高官が直接知っていた証拠もある。たとえば、一九六一年二月、日本の海上自衛隊の参謀長が、日本から出航した二隻の核攻撃艦による核兵器試行を目撃証言している。一九七〇年代にも、自衛隊は明らかに核攻撃演習の米軍艦に搭乗した。

一九八〇年代にUSSタイコンデロガが日本に核兵器を持ち込んでいた（その途上で一基紛失した）というニュースが飛び出したときも、日本政府は米軍に説明を求めなかった。

一九六五年USSタイコンデロガ事件も、一九六九年一月のUSSエンタープライズのあわや沈没という事態も、核兵器輸送につきまとう危険を物語る。エルズバーグは、陸地での保有にもまして、核兵器を艦載することのいっそうの危険性を強調していた。

確かに一九八〇年代から九〇年代にかけて、日本近海で軍艦が起こしたこの他の事故の大半に、核兵器が絡んでいた。

一九八一年四月九日、米軍原子力潜水艦USSジョージ・ワシントン（SSBN-598、同名の戦闘機艦載空母とは異なる）が、佐世保の南方海上で民間商船の日昇丸と衝突した。日本人船員二名が死亡したこの事件で、米海軍は生存者の捜索救助をすることなく批判を浴びた。日昇丸は沈没したが、おそらく核兵器を搭載していた潜水艦のほうは、低度の損傷ですんだ。

一九八四年三月二一日、USSキティ・ホークは、ソビエト連邦の原子力潜水艦と日本海で衝突した。米戦艦は数十基の核兵器を艦載していたと考えられ、ソ連の潜水艦は核魚雷を装備していた。幸運にも、衝突でこれらが破損することはなかったが、悪くすれば、日本海沿岸は大規模な範囲にわたって汚染されていたことだろう。

日本住民を不安に陥れた最悪の事故としては、一九九〇年六月二〇日、USSミッドウェイが日本近海を航行中に起こした二つの爆発がある。ジェット燃料漏れから引火炎上し、三人の水兵が死亡、一五人以上が負傷した。戦艦は核兵器を積載していたと疑われるが、米海軍はこの兵器にはお馴染みとなった、「NCND方針」を採った。

寄港する軍艦の核搭載を禁止するニュージーランドやスウェーデンなどの国（言っておくが日本は含まれていない）からの国際圧力に応じるかたちで、一九九一年、米国政府は米海軍から核兵器を撤収するゆっくりとした路程に踏み出した。

一九九二年七月、ジョージ・ブッシュ大統領はすべての核爆弾が洋上の海軍艦から取り除かれたと発表した。

とはいっても、米海軍の潜水艦には核兵器が搭載され続けており、その総数は一〇〇〇基に上ると見られる。

## 米国公聴会で明るみに出た日本の土壌・水質の汚染

一九九〇年代には、自国軍に対して、米国内外での環境破壊について透明性を要求する米国政府の内部努力があった。

一九九一年、下院軍事委員会の国防省環境計画に対する公聴会で、在日米軍基地が引き起こした環境問題の一部が明らかになった。PCBがキャンプ座間、相模総合補給廠、川上弾薬庫（東広島市）を含む秋月弾薬廠（広島県）など一部ないし全部の米陸軍基地で検出された。

同じく在日米陸軍施設所在地で地下水に溶剤とトリクロロエチレン（TCE）汚染が確認されたこともさらなる懸念材料だった。

EPA（米環境保護庁）によれば、TCEは肝臓、腎臓、免疫系、中枢神経系を損傷し、胎児に害を及ぼす。さらに、経口・吸引・肌への接触などを通してがんを誘発する。

公聴会は、横田、三沢、嘉手納と見られる空軍基地におけるPCB問題も明らかにした。報告書は、米海兵隊も有害廃棄物の管理能力がないと結論づけた。最悪の有害廃棄物問題は、横須賀海軍基地にあり、そこには有害廃棄物を保管する三カ所の廃棄場所と洞穴があるという。これらの公聴会で明らかになった情報は、不十分ながら米軍が日本における環境問題を認めた、まれに見る事例だった。

下院委員会の公聴会で問題が明るみに出たのと同じ時期の軍の報告書は、別の角度から、特に横須賀海軍基地の大規模な問題を指摘している。たとえば、一九九三年四月には、重金属汚染の存在が発表され、埋立地にPCB汚染土がばらまかれたという。

私がFOIAを通じて米海軍から取得した文書には、一九九〇年代に横須賀基地内で起こった地滑りで、一万二〇〇〇から一万五〇〇〇ガロン(約四万五四〇〇から五万六八〇〇リットル)の燃料が漏れて海に流出、浄化に二年を要したと書かれていた。

いっぽう、一九九八年、防衛施設庁(当時)の調査によって、安全基準の一〇倍のヒ素、一五〇倍の鉛、許容限度の四四〇倍の水銀という、高レベルの有毒物質が横須賀基地一二号バース(接岸壁)で検出されていた。また、一二号バース事件の後の二〇〇〇年五月、神奈川県保険医協会公害環境部会が発見した多数の奇形魚には、背骨の変形や腫瘍が見られた。

二〇〇〇年代初頭には、神奈川県が、横須賀海軍基地から多数の大規模漏出記録を報告した。二〇〇三年一〇月五日、三万四〇〇〇リットルの燃料油が停泊中のUSSキティ・ホークのタンクから漏出、翌年一月二日には二二七〇リットルの油圧油がディーゼル発電機から漏出、五日後、USSキテイ・ホークでこれとは別の漏出事故が起こった。今度は三八〇リットルの油漏れだった。二〇〇六年一月一七日、さらに三一六八リットルが同船から漏出した。

ＦＯＩＡ公開文書は、横須賀海軍基地が過去の汚染と格闘している様子を明らかにしている。二〇〇六年一〇月の報告書では、工兵隊員が汚染土を発見し、汚染水ともども再び埋却するよう言われた、とある。さらに二〇〇七年に基地内の環境担当部署が明らかにしたところでは、それより数年遡った頃から配管全体の場所を見失っており、これは内部に油を蓄えたまま、現在も基地の下をはっているという。

一九九〇年代から二〇〇〇年代初頭にかけて、日本本土のいたるところで大規模燃料漏れが起こっていた。一九九三年一〇月、航空燃料一万八〇〇〇ガロン(約六万八〇〇〇リットル)が横田空軍基地で漏出したことが判明した。また、二〇〇〇年二月二八日、厚木海軍飛行場で、八四〇〇ガロン(約三万二〇〇〇リットル)のディーゼル油漏出が蓼川を汚染した。さらに、二〇〇一年六月二七日、鶴見貯油施設で二万三〇〇〇リットルの軽油漏出事故があった。私のＦＯＩＡ取得文書によれば、同じ場所で、二〇〇五年九月二七日に、「少なくとも数百ガロン」の燃料が漏出した。報告書によれば、事故は被害を把握できないほど大規模で、三週間を要した浄化作業の後も復旧はできなかったという。

## くり返される火災

一九七〇年代以来、日本本土の米軍基地では多数の大規模火災を経験しているが、日本の消防隊が火災に対処することは難しい場合が多く、追跡調査も充分とは言えない。

たとえば、鶴見貯油施設で一九七九年七月二七日、燃料タンクへの落雷で火災が発生した。四時間半に及んだ火災で、地元の消防隊は一時、施設内への立ち入りを拒否された。火災に続いて、日米政府が行った状況説明は、多くの疑問点を残したままだった。

二年後の一九八一年一〇月一三日、神奈川県の小柴貯油施設で、爆発の後四時間続く火災が発生した。地元住民七名が負傷、爆風で窓ガラスが割れるなど被害は四六三件に及んだ。ようやく米軍が調査結果を発表したのは、一九八三年七月二八日のことで、それも爆発の原因を特定できていないことを認めるものだった。地元警察と消防局による捜査でも、原因を突き止めることはできなかった。

米軍施設内の火災は最近も発生している。私が入手した横須賀海軍基地の内部報告書によれば、二〇〇八年八月二一日、「多種の化学物質、危険廃棄物」のある危険廃棄物保管施設で火災が発生した。だが、火災の翌日に書かれた報告書によれば、日本側当局は発生の事実を報されていなかった。

私がＦＯＩＡで取得した別の報告書は、二〇〇九年一一月九日、厚木海軍飛行場の駐機場で発生した大規模火災の詳細を明らかにしている。火災はシンナーその他の特定されていない化学物質を焼き、消火活動でおそらくパーフルオロ化合物に汚染された数千ガロンの廃水を発生させた。米海軍文書によるとこの廃水は五日間ハンガーに残留した。

三名の日本の労働者がこの火災で負傷した。

二〇一五年八月二四日に相模総合補給廠で起こった事件は、基地高官たちのほとんどが、管轄下にある基地について実際的知識を持たないとの見方を強めるものだ。深夜一二時四五分、複数の爆発が陸軍倉庫で発生、炎は上空高く吹き上げた。だが、倉庫内の化学物質が特定できないため、放水がかえって災害を引き起こす危険性があり、軍と地元消防隊は消火を許可されなかった。放置された火災は六時間燃え続けた。

それ以前の火災と同様に、米軍の調査は完了まで一年以上を要し、正確な原因を突き止めるには至らなかった。

## 放置される爆音

騒音は人間の健康へ現実の損害を及ぼす。その害には心機能障害、子供の認知能力などが挙げられる。

米軍機からの騒音公害は、自衛隊機と同様に、何十年も日本本土の軍事基地近隣住民のトラブルだった。一九七〇年代以降、厚木、横須賀、岩国基地周辺の住民によって数々の裁判が提訴されてきた。

近年では、裁判所は日本政府に対して住民への賠償支払いを命じるようになっている。たとえば、二〇一五年一〇月一五日、六五三名の岩国近隣住民は、五億五八〇〇万円の賠償を勝ち取った。二〇一七年一〇月一一日、東京地裁立川支部は日本政府に対し、横田空軍基地周辺の約一〇〇〇名の住民に対する約六億一〇〇〇万円の支払いを命じた。

ただしこれらが勝利かといえばそれは幻想に過ぎない。改善につながらない現実があるからだ。

二〇一六年一二月、最高裁は厚木基地の原告が求めた米軍機の夜間飛行差し止めを、支配が及ばないとして受理しなかった。それどころか、厚木基地について最高裁判決は、自衛隊機の夜間訓練差し止めについても下級審の差し止め判断を覆した。

日米の別を問わず、軍は、保護を求める人々の健康よりも優先されるということなのだ。

## ＦＯＩＡ文書が暴き出す岩国と厚木の大規模事故

私がＦＯＩＡを通じて入手した内部報告書は、日本本土の二つの主要米軍基地、岩国海兵隊飛行場と厚木海軍飛行場における大規模漏出事故と、米軍の対応能力の欠如という典型事例を明らかにしている。

岩国では、二〇〇七年から二〇一六年の間に三四四件の環境事故があり、このうち一九八件で漏出したジェット燃料はおおよそ二万四一二八リットルに上る。たとえば、二〇一三年六月八日、航空機から一〇三七リットルを漏出した事故は、修理後の部品交換を失念した修理作業員の責任だった。二〇一五年一月二〇日、新燃料システムの試験では一万四六五〇リットルのジェット燃料が漏出した。燃料は「重大な土壌汚染」を起こし、排水溝と付近の池に流出した。

二〇一五年五月に基地内で発生した大規模なＰＣＢ漏出が、雨水溝を通じて基地外へ垂れ流された恐れを示す写真もある。米海兵隊に典型的なだらしない手順だが、しかし、公開された文書には漏出の具体的な内容は記録されていなかった。【写真7・1】

前章で見たように、在日米軍が、二〇年の間、泡消火剤の環境に対する危険性を認識していたことは、岩国の文書でも確認できる。一九九七年八月二一日のある事故の報告書では、泡消火剤は「水質に害を及ぼす」と、別の二〇一三年二月五日の漏出報告書では、泡消火剤が「危険物質」だと記載されていた。さらに二〇一五年五月一五日、泡消火剤の漏出について「ＰＦＯＳ汚染」との記述があり、しかし基地外へ流出したにもかかわらず、報告書によれば、日本政府へは情報提供されなかった。

嘉手納基地の問題を彷彿とさせる別の事故もある。一九九九年四月二七日、航空機のエンジン故障のため六八kgの燃料が岩国付近で上空投棄されたという。

厚木飛行場でも、重大事故は発生していた。二〇〇九年一〇月から二〇一六年一一月の間に、FOIA公開文書には、少なくとも五三件の環境事故が記録され、一五三六リットルの燃料、三八六リットルのディーゼル、四一六リットルの汚水が漏出した。泡消火剤漏出は二〇一二年一〇月二一日にも発生している。報告書は、四一六〇リットルを回収したものの周辺環境に消失した分がどれほどになるか不明であると書かれている。

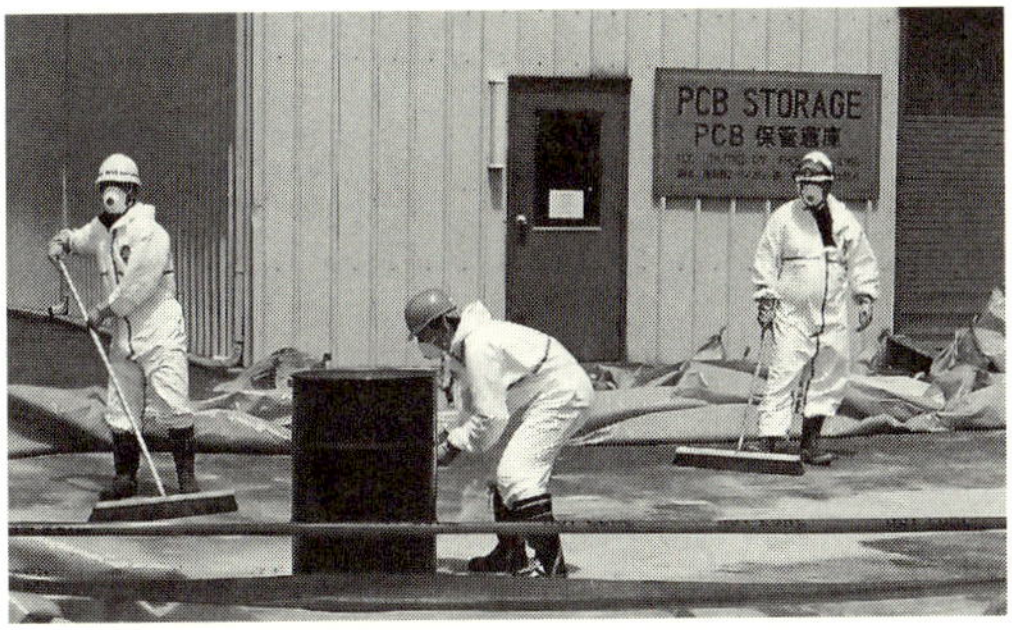


**写真 7.1**　2015 年 5 月，米海兵隊岩国飛行場の PCB 保管庫で事故の浄化処理を行う防護服の労働者.（FOIA 経由で著者が入手）

　厚木の環境汚染問題の一因は、基地内の環境担当官が不在だったことにもあるだろう。二〇一二年から二〇一四年の報告書は、三カ月の担当官不在、四カ月の危険物ならびにPCB管理計画遵守マネージャーの不在を明らかにしている。

　いっぽう青森県では、二〇一八年になって軍事公害の危険性とこれに対するSOFAの欠陥が現実のものとなった。二月二〇日、米空軍三沢基地を離陸したF16戦闘機がエンジン火災のため二個の燃料タンクを空中投棄した。長さ四・五mのタンクが、シジミやワカサギ漁で知られる小川原《おがわら》湖に落ちた。燃料汚染が懸念されるため三八五kgものシジミは廃棄、その後一カ月間の禁漁を強いられた。

米軍は回収作業を一切行わず、日本の自衛隊員がその作業を担った。SOFAでは事故による損害の補償について米側が七五%を負担すると謳うが、二〇一八年三月現在において、その費用は日本政府が負担することになる見通しだ。

小川原湖では一九九二年にも米軍による同様の燃料タンク投棄事件があったが、このとき日本政府は、漁業関係者に対し八〇〇万円の支払いと出荷設備の建設補助で折り合いを付けていた。

## 「トモダチ」が拡散させた放射能

二〇一一年三月一一日の津波と福島第一原発メルトダウンの後、米軍は「トモダチ作戦」と呼ばれる任務で救援チームを東北に派遣した。この任務の間に、兵士らとかれらを運んだ輸送機材は放射能に汚染され、その汚染が軍によって本土と沖縄の米軍基地へと広く拡散した。

ヴァージニア州フォート・ユースティスを拠点とし生物・放射能事故を専門とする班である「民間人支援統合任務部隊(JTF-CS)」が発した報告要旨(二〇一二年二月八日)によれば、日本で汚染されたのは、ハンビー輸送車両、シー・ナイト・ヘリコプターなどだった。放射能はエアフィルターや車両格納部に溜まっており、ヘリコプターの翼にも付着していた。

米陸軍の「陸軍教訓センター(CALL)」がまとめた別の報告書(二〇一二年二月)には、軍がこれら輸送機材の除染で試みた原始的技術が記されている。兵士はペーパータオル、「赤ちゃん用のお尻ふき」、ダクトテープ、湯を使用し、防護服の用意のない者もいたようだ。このような手順の基本には

「民間人に気づかれないための努力があった」と理由づけられていた。

ＪＴＦ-ＣＳ報告書によれば、機材によっては修復不可能なほどの損害だったという。

汚染された水と廃棄物、軍はこれを「低レベル放射性廃棄物」ＬＬＲＷ（Low Level Radioactive Waste）と呼んだが、それらは三沢空軍基地、横田空軍基地、厚木海軍飛行場、横須賀海軍基地、佐世保海軍基地、そして米海兵隊普天間飛行場の六カ所に保管された。その大規模な量が内部文書から明らかになる。在日米軍と米太平洋軍の二者間最新情報報告（二〇一一年五月四日付）には、三万二八三リットルの液体ＬＬＲＷ、一万二二〇八リットルの固形ＬＬＲＷドラム缶が三沢空軍基地に、これより少規模の量が横田空軍基地に、量は不明だが佐世保海軍基地に、それぞれ保管されていることが詳述されていた。このほか、厚木飛行場には九万四六三五リットルの液体ＬＬＲＷと三万七二〇八リットルの固形廃棄物ドラム缶があった。

ＪＴＦ-ＣＳ報告要旨は、液体廃棄物の一部は、国防省によって処分されたとしている。また「国防省はいかなる環境も破壊することなく、日本人ほどの不手際もなかったことは確かだ」と結論づけていた。在日米軍によると、液体廃棄物は三沢と厚木で放出されている。

厚木飛行場からＦＯＩＡで私が入手した文書は二〇一一年四月一四日に発生した事故について記録していた。この基地で、「福島付近の被災地」から届いた一八九リットル入りの容器の燃料が漏れ、「放射能汚染の可能性」が生じていた。漏出したのは一ガロン（約三・八リットル）と推測されたが、基地所属の火災消火班が現場へ向かおうとしたところ、海兵隊員らが自ら対応すると言って阻止された。

報告書はこの現場がどのように除染されたか、残った燃料がその後どうなったのかには言及していない。この事故について、私が二〇一八年三月に在日米軍に問い合わせたところ、燃料汚染も負傷者もなかったと強調したものの、その主張を裏付ける文書は出てこなかった。

また、米軍はトモダチ作戦の廃棄物を沖縄にも持ち込んだ。二〇一一年八月、軍は日本政府に対して、米海兵隊普天間基地に放射能に汚染された物質が保管されていると通報した。この件に関する私のFOIA請求に対し、米海兵隊はだんまりを決め込み、適切な文書は在日米軍に属すると言った。その記録について在日米軍に請求したところ、在日米軍は真っ黒になった一一ページを開示してきた。黒塗りを免れたごく小さな箇所は、二〇一六年九月の時点で、米海兵隊普天間基地にトモダチ作戦のLLRWはもう保管されていないと示唆していた。

在日米軍によると、二〇一八年三月時点で、固形LLRWは依然として二つの米軍基地、すなわち横須賀海軍基地に四四個のパレット、そして横田空軍基地に三個の梱包物として残っているという。在日米軍はその容量の具体的内容に関する情報提供を拒否した。

放射能汚染は陸上だけにとどまらない。東北沖で作戦行動した米軍の戦艦は、メルトダウンで深刻な放射能被曝を経験した。USSロナルド・レーガンに搭乗した約三六〇名の水兵らは、放射能被曝が原因と見られる病状について東京電力を提訴し、甲状腺障害、鼻血、直腸や膣からの出血などの症状を訴えている。

米軍は、日本政府と同じように、東京電力の放射能による影響を過小評価しようとすることが多いが、自らのデータが安全宣言と矛盾をきたしている。3・11のメルトダウンから五年後、救援に加わった二五隻の米軍艦中一六隻で、放射能汚染が残留していた。このうちUSSロナルド・レーガンは、二度の徹底除染作業にもかかわらず、二〇一六年になってもなお低度の汚染が残っていた。在日米軍によれば、横須賀海軍基地のLLRWは、同基地で続くトモダチ作戦に投入された戦艦の補修作業から、今も累積中だという。

## 米軍の引き起こす核の危機

日本本土の基地における放射能汚染の可能性としては、他にも、劣化ウラン弾の保管をめぐる懸念がある。神奈川県の浦郷倉庫地区は、横須賀の艦隊に供給する弾薬を保管している。岩国は、第5章で見たように、一九九〇年代に鳥島を放射能汚染した米海兵隊ハリアー戦闘機の拠点である。

今日、軍港における核の危機は、沖縄でも日本本土でも深刻だ。

原子力潜水艦は頻繁に基地に寄港する。たとえば、ホワイトビーチでは施政権返還から二〇一七年一一月現在までに五五六回の寄港があった。二〇一七年の佐世保海軍基地への原潜寄港は二六回と過去最多であった。二〇〇八年以降、横須賀海軍基地は、海外における唯一の米軍原子力空母の母港であり、まずUSSジョージ・ワシントンが二〇〇八年から二〇一五年、後継のUSSロナルド・レーガンが、本書を執筆中の現在もなお、母港としている。

全長三〇〇mを超え二〇階の高さを持つこのニミッツ級戦艦はA4W原子炉を二基備え、高濃縮ウランを燃料とする。一般的な商用の原子炉では三・五から五%の濃縮ウランを使用するところだが、こちらは九三から九七・三%、原子爆弾の製造に使用されるのと同じ濃度のものが使用されている。空気に接触すれば発火するものだ。

二基の原子炉に搭載されたウランの実際の重量は最高機密だが、その能力、つまり危険性は、入手可能な情報から容易に推察できる。一回だけの充填で二〇年間稼働し数万㎞を航行することが可能だ。原子炉が産出するエネルギーは、小都市を支えるに充分な規模である。

ニミッツ級戦艦が横須賀海軍港に配備されるより以前にも、米海軍は、日本人に対し原子力戦艦の安全記録を確証しようとやっきになっていった。たとえば、二〇〇五年一二月には朝日新聞に対し「非常事態による被曝はほとんどありえない」と豪語した。

日本政府はこうした保証を疑ったことがない。二〇〇六年四月、外務省ホームページにアップロードされ、以後更新されていない文書「米原子力軍艦（NPW）の安全性に関するファクトシート」がある。一九六七年の米国政府の手記に基づく助言を根拠に、文書は戦艦上の核事故の場合を次のように約束している。

「艦船から想定される量の放射能が放出された場合のありうる最大の影響はあくまで局地的であり、かつ、深刻ではないものにとどまる。すなわち、その影響が極めて小さいため、屋内退避等の防護措置が少なくとも検討される範囲はきわめて限定的なものとなり、軍艦の至近、及び在日米海軍基地内に十分とどまることとなる」

近年、佐世保と横須賀の両市は、米海軍戦艦からの放射能漏れを想定した避難訓練を実施するにおよんでいる。だが、米海軍は訓練を断ることがしばしばで、一切の放射能漏れは基地内に封じ込めるというのが、その言い訳となっている。

日本政府は原子力戦艦の危険性を認識していない。その重大な懸念が、二〇一四年五月に再び明らかになった。原子力戦艦の事故に対する避難基準が毎時一〇〇マイクロシーベルト、民間の原発の毎時五マイクロシーベルトをはるかに上回る設定だったことが判明した。

これは犯罪的怠慢である。ペンタゴンによる永遠のような軍艦の安全神話を鵜呑みにしており、無邪気過ぎるほどだ。これまでの章で採り上げたほんのさわりに過ぎない事例を見ても、日本政府は、基地を囲む金網のフェンスが近隣地域を汚染から防いでくれるとでも思っているかのようだ。

## 不注意だらけの作戦行動

なかでも横須賀の原子力戦艦配備の危険性は、二点に絞ることができる。一つめは人的要素、すなわち軍隊が能力を欠いている点、もう一つは自然界の要素、「プレート・テクトニクス」である。

これまでの章を見ても、軍の作戦行動は不注意だらけであった。米海軍も例外ではない。

一九九〇年代以降、原子力戦艦は人的過失による重大な大規模事故を招いてきた。二〇〇一年二月九日、水産高校の訓練船えひめ丸がハワイ沖を航行中、突如原子力潜水艦USSグリーンヴィルが船体直下に上昇した。えひめ丸は沈没し、乗船していた四名の高校生を含む九名が亡くなった。

事故原因には、民間人VIPが潜水艦に乗っていたため注意をおろそかにしたというものがあり、実のところ二名がシステム操舵を許され、えひめ丸の直下に潜水艦を浮上させていた。この潜水艦長は軽微な処罰を受けただけだった。おまけにVIPツアー自体を企画したのは退役海軍大将リチャード・マッキーで、一九九五年に沖縄で起こった性暴力事件に関するコメントが問題となって職を失った司令官だった。

二〇〇八年五月二二日、横須賀海軍基地に到着する直前、USSジョージ・ワシントン艦上で重大事故が発生、またしても職務怠慢によるものだった。適切な保管がなされていない引火性化学物質のそばで水兵が喫煙し、火災が発生、八時間に及んだ。八つのデッキが燃え、三七名の水兵が負傷した。幸運にも火の手は二基のA4W原子炉に及ばなかった。これは平時における米海軍史上最悪の事件に数えられ、修復に七〇〇〇万ドルを要した。

横須賀を母港とする米艦船は、二〇一七年だけで三度の大規模事故を起こしている。一月三一日、

**写真 7.2**　2011 年，横須賀海軍基地で USS ステザムの周囲に漏出した燃料の除去作業を行う水兵.（FOIA 経由で著者が入手）

**写真 7.3**　2011 年，漏出に対処するためオイルフェンスが設置された USS フィッツジェラルド.（FOIA 経由で著者が入手）

誘導ミサイル巡洋艦ＵＳＳアンティータムは東京湾で座礁し、四一六四リットルの油圧油を海に漏出した。六月一七日、駆逐艦ＵＳＳフィッツジェラルドは横須賀の南西一〇四㎞沖合で貨物船に衝突した。七名の水兵が亡くなっている。司令官と乗員らは複数の安全上の失敗で責任を追及され、指揮権を失った。**【写真７・２、３】**

八月二一日、駆逐艦ＵＳＳジョン・Ｓ・マケインはシンガポール沖で石油タンカーに衝突した。水兵の死者は一〇人だった。再び高官の責任が追及され、第七艦隊司令官が解任される結末となった。このような戦艦は最新の航行装置を搭載し、誰でも操作可能なはずだが、それでも事故を起こした。第七艦隊が運行するのは、東京湾を含め、世界でもっとも過密な航路と言われる海域である。原子力空母が、毎日のようにこの海域を航行する石油やＬＰＧを積載した数多のタンカーの、一隻にでも衝突すれば、その結末は想像を絶する。

## 津波が原子力戦艦を破壊すれば何が起こるか

横須賀の原子力戦艦ドック化を安全上問題があるとする、さらなる根拠はその地面の下にある。三浦半島の地下には多数の断層線が走っている。古くは一七〇三年、マグニチュード８の元禄大地震が、何千もの人々の命を奪った。地震による津波は、一〇ｍの高さで海岸線四〇〇㎞を破壊した。同じ規模の地震が再び発生すれば、地震が引き起こす強大な津波は、原子力船艦を破壊するだろう。大津波によって港湾付近の潜水艦は駆動力を失い、座礁の危険もある。横須賀海軍基地のニミッツ級空母用一二号バースには、船底から海底の間にわずかの余裕しかない。津波の引き波で船体が着底すれば、原子炉の冷却系が機能しなくなる恐れも浮上する。

三・一一以前はこのような想定はパニック映画の領分と思われていた。だが、マグニチュード9を記録した東北の地震と原発のメルトダウンから、私たちは現実に起こる自然現象の危険性と人間の驕りや愚かさを学んだ。ごく小規模の艦上火災でも、米海軍の原子炉から立ち上る、高純度ウラニウム、福島第一原発の比ではない猛毒の火焔《プルーム》に、東京湾一帯が染まる。その先にある数百万人が暮らす都市にもたらす結果は壊滅的で、日米いずれの政府にもそのような危機的事態に備える確固たる計画などなく、ただ自前の安全神話に寄りかかることを選択してきた。

こうした危険性を踏まえて、原子力戦艦、空母、原潜の東京湾入口への寄港は、手をこまねいて核災害を待つような行為だというのは、何ら誇張ではない。

第8章

# 軍事公害の今日と明日、前に進むために

## 傷つけられる子供たち、兵士、市民

米軍のゆるい安全基準、法の適用外意識、人間の健康への無関心が、日本政府の共犯と組み合わさって、数十年に及ぶ日本の汚染を許してきた。

占領が延長され、その後も軍の重荷を抱え、沖縄は日本本土よりもさらに長く汚染に苦しめられてきた。日本中の米軍基地の水、大気、土壌が蝕まれ、数え切れない日本とアメリカの人々の健康が損なわれている。

その矛先が向かうのは、あまりに多くの場合、子供である。

児童らは具志川で海水浴中に枯れ葉剤で火傷した。子供らは南風原でPCP汚染水を飲み腹痛に苦しんだ。アメリカの生徒らは嘉手納空軍基地のダイオキシン廃棄場近くで遊び、鉛に汚染されていた学校の水道水を飲み病に倒れた。

子供は特に環境汚染に曝されやすい。成熟した大人には影響が低い少量の汚染物質も、胎児、乳児、体重の軽い幼児たちには深刻な影響を与えうる。ダイオキシン、鉛、パーフルオロ化合物などの物質は体内で蓄積し、肉体的・精神的破壊が進行する。

子供らはさらに傷つけられてきた。核砲弾試験で飛散したガラスで裂傷した。教室にいながらCSガス中毒になった。えひめ丸とともに海に沈んだ。低空飛行する米軍機、そして自衛隊機の下では、危険レベルの騒音に日常的に曝されている。

アメリカの兵士も日本の大人たちも米軍基地によって深刻な被害を受けてきた。枯れ葉剤に被曝した何百人もの兵士。神経ガスで入院治療を受ける目に遭った兵士。東北の救援作戦で被曝した兵士たち。基地での作業に従事すればアスベストで殺され、火災で火傷を負い、六価クロム、塩素、その他の不知の物質の大規模漏出事故で毒物に冒された。日本の自衛隊員はＰＣＢ汚染された恩納の米軍基地跡地で汚染に曝された。

農家の土地は、燃料、鉛で汚された。伊江島の村人は枯れ葉剤で追い立てられた。漁民の海は汚水、燃料で毒され、核弾頭の「折れた矢《ブロークン・アロー》」や投棄された弾薬・化学兵器を網で引き上げてしまう危険もある。

焼却場、燃料や倉庫を原因とする制御不能な火災、弾薬爆発の風下に住む住民。燃料爆発で傷付き家財を破壊される人々。カドミウム、ディーゼル、有毒消火泡剤が流出する河川沿いの住民。ＴＣＥに被曝する住民。辺野古で汚染された貝を拾う人。化学兵器や不発弾、有毒廃棄物の事前調査なしに、新たに返還された土地で働く建設作業員。射爆演習で劣化ウランが大気に飛散した鳥島に近い久米島や近隣島嶼の住民。

上空から燃料投棄された地域に暮らす人々、軍艦からの燃料、ゴミ投棄や潜水艦の放射能汚染が垂れ流された付近の海岸の人々。

人体の健康を損なうだけではない、軍事公害が国と地域の経済をも蝕んでいる。

地位協定とＪＥＧＳを含む現行の施策において、米国は返還予定地の汚染調査・浄化の責任を負わない。沖縄でも日本本土でも、浄化費用は数億円に及ぶ。恩納のＰＣＢ、キャンプ桑江や沖縄市サッカー場の広範に及ぶ汚染、日本本土の数々の鉛汚染。

沖縄では、軍の大規模な存在そのものがすでに経済の足を引っぱっている。基地は沖縄本島の一五％の土地を占めているが、県経済に約五％の貢献しかしていない。道路の拡張、鉄軌道の建設などインフラの改良にも障害となっている。その災難に追加されるのが環境問題なのだ。軍用地跡地は効率よく使われるべきものだが、汚染のために何年も計画が遅れてしまう。

他にも汚染は金を食う。

二〇一七年九月、沖縄で環境正義の最前線で闘うNPO「インフォームド・パブリック・プロジェクト」が明らかにしたところによると、県は二〇一六年、北谷浄水場の活性炭フィルター交換のため一億七〇〇〇万円を費やしたという。いったい何のために。その理由は、パーフルオロ化合物汚染除去の取り組みだった。汚染に対応するためにフィルターは二〇二三年まで毎年交換する必要があると見られる。費用は県に押しつけられた。費用の移転について要請された沖縄防衛局はこれを却下し、基地が汚染源であるとの証拠がないと主張した。

## 米軍という障壁、日本政府の無能

米軍は軍事公害を隠蔽するためにあらゆる手を尽くす。海兵隊員は政治的に敏感な事故を報告しないよう命令され、日本中の基地で起こった数百件の事故は隠蔽されている。環境への漏出が報告されたとしても、原因を詐称し、被害を過小評価する。

ＣＩＡと国務省を味方につけることで、軍はさらに二つの兵器を導入している。プロパガンダと中傷だ。

いわゆるクリーンアップ企画のような地域の清掃で、地元住民のみならず自軍兵士をもだまし、軍隊が責任ある環境守護者であると信じ込むように仕向けている。

同時に、汚染を公表する者を中傷する。一九六九年神経ガス漏出に際して「日本の左翼」が「乗っかる好都合なプロパガンダ」と書いたＣＩＡのメモから、一九七五年発がん性物質に被曝したマチナトの労働者をメディアに煽られた「空騒ぎ」とはねつけた領事館の記録にも見て取れる。ごく最近では、私自身の調査が砲火を浴びた。私の枯れ葉剤調査に対するペンタゴンの薄っぺらい対抗キャンペーン、軍警察による査察、米空軍によるインターネット接続妨害などがあった。

沖縄の軍事公害に関する知識を抑圧しようとする米当局の姿を際立たせる、二つの事件を付け加えよう。

二〇一六年末、私は東京にあるレイクランド大学日本校から、軍汚染に関する調査の講演のため招かれていた。だが公演日を前にして、米国大使館は、大学に電話で抗議し、私のジャーナリズムの手法が気に入らないと伝えた。大学側から講演の中止を拒否された大使館は、米国にある大学上層部に苦情を訴えた。大学側は部分的に譲歩し、翌週に大使館が別の講演を行うことについて了承した。私の講演内容に反論することが可能となったわけだ。

東京で、大学職員は表現の自由と学問の独立性に対するこの露骨な攻撃を嘆いたが、同じ程度に驚かされたのはその顚末であった。私の講演の後、大使館は、この話題に通じた職員がいないからといって講演をキャンセルしたのだ。

軍と国務省のさらなる共謀は、嘉手納空軍基地内の学校付近でダイオキシンが検出された事件で、情報公開を求めて運動した親たちの一人、ジャニーン・マイヤーズへの処遇によって判明した。ニュージーランド出身で米兵と結婚した彼女は、この事件で大きく声を上げ、真実を明らかにするよう軍に要請した。同じ頃、マイヤーズは合衆国で夫と共に暮らすための「グリーンカード」(永住許可証)を申請していた。通常、このような申請はあたりまえのように許可されるものだ。しかしマイヤーズの申請は不許可となり、彼女は米国へ転居することができなかった。不許可になる前、在日米軍の上官は彼女の行動について露骨に苦情を言っており、これが国務省からの報復につながったと彼女は見ている。

米国当局が、日本人の健康よりも政治を優先しているのは明らかだ。米国内においても、軍は環境責任を自ら負うことは決してないが、米国政府、地元当局、メディア、そしてNGO等が協調して圧力をかけたおかげで、改善も見られつつある。海外地域においても、ドイツ、韓国など各国政府が米軍に説明責任を取らせせようと動いている。

ここ日本では、しかし、政府が改善を追求しきれずにいる。地位協定は六〇年間変更されず、JSEPやJEGSのようなガイドラインも更新されない。環境を保護するどころか、日本を思いのままに汚染する権限が強化されている。

共犯に加担する日本政府の態度で損なわれるものがどれほどか、どんな理由で手中にある問題に見ないふりをするのかは理解しがたいことだ。環境問題の決定過程の多くは、日米合同委員会の閉じられた扉の向こうで行われており、実際には何が起こっているのか確かめようもない。

ただし、数多くの事例が、米軍公害のリスクに無知な日本政府こそ非難されるべきことを指し示している。

沖縄防衛局の無能ぶりを示すのは、たとえば、北谷町上勢頭の住宅地域でダイオキシンが検出された件だ。地元住民説明会の場でメディア取材に対し、沖縄防衛局は、最初に返還された際に土壌調査を行わなかった事実を認めたのである。

二〇一六年一二月の北部訓練場返還後、日本政府は軍用地跡地の試験に取り組んだ。土壌はヒ素やダイオキシンを含む化学物質に汚染されている蓋然性が高い。だが、政府は調査を限定し、支障除去措置と称する期間を加速的プロセスで進めた。沖縄防衛局は二〇一七年一二月で支障除去を終えたが、翌月になって訓練弾、タイヤ、プロペラなど米軍廃棄物が一帯からみつかっている。その拙速さが危うい。この先、その場所を利用し訪問する人々の健康を危険に曝すようなものだろう。

さらに言えば、日本本土に移送した米軍の核兵器をめぐって日本の政権は詐術を弄した。その同じ文脈において、このような失策は検証されるべきものである。あまりにも頻繁に、日本政府は無知を装って、日本では何でも免責されると前提した米軍のふるまいを許してきた。日本政府が公然と認める政策、つまり日本の人々の知る権利、健康な環境で暮らす権利よりも、米軍の特権を優先しているのだ。

## 改革の最前線

米国では、軍に公害の責任を求める闘いが、地元自治体、市民組織、メディアなどの団体によって取り組まれてきた。

幸いなことに日本でも、同じように正義を求めて闘う取り組みがある。

元沖縄大学学長の桜井国俊教授は、その指導的役割を担ってきた。彼は、長きにわたって透明性の拡大を要請してきた。日本の軍事公害への対応の仕組みを韓国のそれと比較した研究は、日本の進むべき方向性について、私を含め多くの人の目を開かせた。状況を変革するための要点として彼が挙げるのが、日米合同委員会環境作業会議の公開、再利用をより早くスムーズにするための軍の土地利用記録の共有である。

河村雅美博士は、沖縄・生物多様性市民ネットワークの事務局長を長らく務め、辺野古新基地計画の情報公開を求める取り組みを指導し、沖縄市サッカー場のダイオキシン汚染ではクロスチェックに成功した。二〇一六年、河村は「インフォームド・パブリック・プロジェクト」を設立した。地に足を付けた調査を日本の情報公開請求の徹底活用と組合せて、数多くの環境問題に切り込んだ。二〇一四年以降、日本政府が基地内検査をしていない事実や、沖縄市サッカー場の汚染除去費用が九億七九〇〇万円を超えていた事実などは、その成果に数えられる。

日本本土では、市民グループ「リムピース」が、環境問題も含めた米軍の違反行為を査察し続けてきた。横須賀海軍基地、厚木海軍飛行場、海兵隊岩国飛行場といった無法を繰り返す最悪の基地など、その守備範囲は広い。

市町村自治体で見ると、二〇〇三年に宜野湾市長に選出された伊波洋一は、海兵隊普天間飛行場やその他の在沖米軍が環境に及ぼす害について人々の関心を引き上げた。具体例を挙げれば、市の基地対策課を介して、地元住民の協力を得ながら飛行経路を記録したことは、騒音公害や、市民コミュニティの空を飛び続ける軍の執拗さについて、理解を深める契機となった。基地対策課の取り組みは、国や県だけでなく地域住民が米軍の責任を追及し、ＳＯＦＡ（地位協定）の不平等性を可視化する方途を示した。二〇〇四年八月、海兵隊ヘリコプターが市内の沖縄国際大学に墜落したとき、現場から地元当局も軍によって排除された経験は、このような取り組みの重要性を明確にした。

沖縄県も出遅れはしたが、徐々に活発化している。二〇一四年、県は基地環境特別対策室を設置、「在沖米軍基地環境対策方針」を策定して汚染の対処に乗り出した。

対策室は、環境カルテ作成という大きな一歩を踏み出した。二〇一七年六月二六日の公開まで三年をかけて集約し更新されたカルテは、県内八七カ所の基地ならびに跡地の環境影響の詳細を明らかにしている。県の記録、一九九〇年代にＦＯＩＡ（米国情報自由法）を活用したＮＰＯピースデポの梅林宏道による画期的なデータ、米国公文書館の文書などを集約したカルテは、過去の事件の一覧、基地内と周辺の水源地地図も備え、漏出の危険性評価に役立つ。本書第２章の執筆は、カルテの成果に大いに助けられた。

カルテは、長年懸案とされてきた正しい方向への第一歩であり、現時点で、米国内の基地問題で使えるＥＰＡ（米環境保護庁）の記録に最も近い沖縄版である。

しかし、歴然とした差もある。たとえば嘉手納空軍基地のカルテは、二〇一〇年から二〇一四年の間にわずか一〇件の漏出しか記録されていないが、私がＦＯＩＡで入手した基地内事故報告書には、同じ期間に少なくとも二〇六件が記録されていた。また、普天間飛行場のカルテは、二〇〇五年から二〇一六年にわずか四件の事件を挙げているが、ＦＯＩＡが私に開示した文書では、一五六件に上る。新しい情報が利用可能になればカルテは更新されるとウェブサイトにもあるので期待したい。

汚染について米軍と日本政府の責任を恒常的に追及する団体として他に、沖縄のメディアを挙げることができる。二つの日刊紙は、軍汚染に関する記事で牽引し、私の調査記事も折に触れて報道されている。同じく琉球朝日放送は、特筆すべき島袋夏子ディレクターの存在があり、軍汚染の報告があれば決まって夕方の番組でトップニュースとして取り上げる。二〇一二年、島袋は私の仕事を一時間のドキュメンタリー番組『枯れ葉剤を浴びた島～ベトナムと沖縄・元米軍人の証言』にまとめ、これは日本民間放送連盟で優秀賞を受賞した作品となった。

続編『枯れ葉剤を浴びた島2～ドラム缶が語る終わらない戦争』は、沖縄市サッカー場のダイオキシン検出に焦点を当て、二〇一六年の同連盟の最優秀賞を獲得している。

対する本土メディアの認知は低い。たいていの場合、東京中心のメディアは、沖縄で軍が引き起こすその他の暴力と同様に、公害問題でも無視を決め込む。

メディアは権力による法令違反を監視する役割を果たすべきであり、米軍ほどの権力を振るう組織はほかにない。だが日本のメディアは権力者にかしずく愛玩犬のようにふるまう。政府が公害から市民を守ることに失敗しているとき、メディアの沈黙は権力への加担を意味する。

## 土地返還と新しい基地

今日、環境破壊に対する米軍の責任を追及する強力な取り組みは、ますます重要になっている。

二〇一四年、米軍はAN/TPY-2、すなわちXバンドレーダーを京都府京丹後市で稼働開始した。アジアの大陸から発射されるミサイルを早期警戒する目的で配備され、近畿地方唯一の米軍専用施設となった。

ところが日本政府も米国政府も、環境への懸念を考慮しなかった。絶滅危惧種の棲息地に対し基地が地域に与える影響について総合的なアセスメントは実施されず、小規模な調査だけで、影響はないと結論づけた。運用が開始されるとすぐに、基地の騒音で近隣住民からの苦情が上がり、基地の化学物質汚染が海域の漁業に与える影響、レーダーが発する電磁波の健康に与える影響など懸念の声が上がった。

沖縄では、新たな環境政策は火急の必要性がある。日米両政府は、現在、施政権返還以来最も大規模な米軍再編に取り組んでいる。変化の二側面、すなわち土地の返還と新基地の建設、いずれもが両政府に、環境問題をめぐる難題を突きつけるだろう。

第４章で見た通り、一九九六年ＳＡＣＯ最終報告は、一一区画、五〇〇二ヘクタールの土地返還計画を策定した。その後二〇〇六年五月、両政府は「日米再編実施のためのロードマップ」を発表、数年後に「沖縄における在日米軍施設・区域に関する統合計画」の発表でこれを更新した。これらの確認は、嘉手納空軍基地より南側の軍用地を大規模に手放すことを約束するもので、最重要返還として、那覇軍港（五六ヘクタール）、キャンプ・キンザー（二七二・七ヘクタール）、普天間飛行場（四八一ヘクタール）を含んでいる。

三つはいずれも都心部に位置し、民間利用による返還の経済的利益は非常に大きいだろう。たとえば、沖縄県は、キャンプ・キンザーの返還により収益は現在の一三倍に跳ね上がると予測している。同様に普天間飛行場の返還によって、経済利益は三二倍、雇用は現在の一〇七四人から三万四〇九三人に増加すると見ている。

社会的・文化的にも価値がある。土地返還は新しい地域を生み出し、祖先の墓所や歴史的聖地への立ち入りを可能にする。普天間基地の閉鎖で返還されるのは自治体の中心部分で、ここは、戦争とその後の土地収奪以前は天然の水源、田畑、松の並木道で知られた活力ある地域だったのだ。

だが返還が予定されているこの三地域は、過密な工業地帯と同程度に使用され、汚染は広範囲で過度に及ぶと思われる。那覇軍港は原潜の寄港による放射能汚染、キャンプ・キンザーはダイオキシン、殺虫剤、ＰＣＢ、重金属汚染、普天間飛行場は数え切れない燃料、溶剤、パーフルオロ化合物の漏出と、少なくとも一件の有害廃棄物の大規模埋却だ。

現行の指針はこうした施設について軍の環境調査を要請しておらず、地元・国政府は自ら調査するための立ち入りを許可されない。その結果、土地返還後の調査とこれに続く環境浄化は、日本の納税者に数十億円を負担させ、土地の再利用までに一世代を要することもあるだろう。

## 新たな場所、新たな問題

日米政府は軍用地返還が沖縄の基地負担軽減になると繰り返し強調する。だが、多くの返還は、県内の新基地施設建設に依存し、新たな環境問題を惹起している。

既にして二〇一六年一二月、北部訓練場の約半分が返還されたが、六基のヘリパッドが建設されてようやくのことだった。地元住民が強く反対するなか、日本当局によって暴力的に建設が強行された。直径七五ｍの着陸帯のため二万四〇〇〇本の木々が倒され、建築基準のタガも外れて赤土流出の恐れが指摘されている。

将来、軍はキャンプ・キンザーの倉庫群を読谷村のトリイ・ステーションとキャンプ・ハンセンに移設予定だ。こうした倉庫群は、すでに見て来たように、数々の火災や有害物漏出事件を引き起こしてきた。ごく最近では、六人の基地労働者が病に冒された二〇〇九年の事故を挙げることができる。これを移設するのは同じ汚染の危険を新たな場所に拡散させるのと同じことだ。

同じ懸念は、那覇軍港の現在地から新港への移設計画にもある。キャンプ・キンザーに近い浦添市沿岸から目と鼻の先に位置し、燃料、汚水の漏出の危険、原子力戦艦の寄港地となれば、放射性物質の危険性も、伴ってやって来るのだ。

新基地のなかで最も論争を呼んでいるのは、辺野古への普天間飛行場移設計画である。

日本政府は、新たな二〇五ヘクタールの飛行場は環境に影響を与えないと繰り返し主張する。だが、米国政府は再び対応を迫られる事態に直面している。一九九八年連邦会計検査局ＧＡＯの報告書「海外のプレゼンス　沖縄の米軍基地の負担軽減などの問題」で、調査者は新基地について、「この施設の日常的運用は、意図せず近隣海域環境やサンゴ礁を汚染するだろう。たとえば、燃料その他の航空機や基地維持管理に必要な物質の流出事故は危険要因となりうる」との深刻な懸念を表明していた。

基地の周囲海域には数えきれない絶滅が危惧される動植物がいる。いずれもごく少量の化学物質の漏出にも脆弱なものだ。沖縄の米海兵隊は環境問題を黙殺してきた経歴を持ち、岩国の海兵隊飛行場は沿岸部での汚染を繰り返してきた。もしも、壊れやすい辺野古の環境に建設されようとしている新基地で、海兵隊が同じ事故を起こせば、その影響は深刻だ。

## 前に進むために

沖縄の軍汚染に対する現行の日米の施策は、不透明と傲岸さに浸り込んでいる。軍は秘密主義の文化にどっぷり浸かっており、その思考様式は、沖縄における二七年間の占領の果てになお続く所有者意識で悪化している。日本本土においても、環境破壊に対応できない無能な日本政府の共謀が、この怠慢をのさばらせている。

今日必要なのは、基本的だが新しい取り組みである。それは、①透明性、②説明責任、③応答力の原則に根ざすものだろう。

### ①透明性

日本にある七八カ所の基地施設は、本当の危険の存在が誰にも、基地司令官にすら、わからないブラックホールだ。この状況を変えなければならない。米軍は基地と返還地に関する過去の記録、有害物の保管区域、廃棄場所の調査記録を公開しなければならない。

この情報は地元地域でも利用可能にすれば、たとえば、基地内火災の場合、効果的な消火計画や、必要とあれば、危険の可能性がある住民の避難について計画を立てることができる。

閉鎖された基地の記録公開は、既に時機に遅れている。二〇一三年国防省教示によれば、海外基地の汚染報告は閉鎖後わずか一〇年間保管すればよく、これを過ぎると破棄される蓋然性が高い。

現在使用中の基地は、米国政府によってＪＥＧＳに則っているかどうかの定期報告が合同委員会に提供されることになっている。これも公開されるべきものだ。

さりとて文書だけでは充分ではない。冷戦期の記録保護には怠慢があり、その隙間を埋めるべくインタビューも行わなければならない。元基地労働者や退役兵は、この過程に招かれるべき人々だ。地域や県当局者はアメリカ人を巻き込むのを嫌がるが、かれらも欠くことのできない情報源なのだ。私の経験では、多くの退役兵は、自分たちの政府が秘密にしておこうとする情報を提供することで日本への愛着を示してくれる。だから、かれらは支援を求めるべき人々だ。

文書による証拠と証言の組合せは、米国内の軍用地での環境調査にしばしば使う仕組みであり、稼働中・返還後の基地で汚染が疑われる場所の確認と並立させるべきだ。日米いずれが実施するにせよ、責任ある第三者の専門家がこれを監督しなければならない。これは米軍も日本政府も信用できないという過去の経験から、私たちがすでに学んだことだ。特に返還時の支障除去措置期間においては、安全基準の面で日本政府に手抜きをさせないために、監視がきわめて重要になる。

ＥＰＡのデータがオンライン上に保管されているのと同じやり方で、結果は広く利用可能にするべきだ。アメリカと日本の人々、双方に曝露の危険があるため、情報は日英両語で利用できるようでなければならない。手始めに日本本土では、沖縄県の環境カルテのように、過去の事故を追跡し事故によって危険に曝される水源を特定するやり方をモデルにできるだろう。

そして、一九七三年合同委員会覚書の文言を尊重すべきだ。基地が民間地域を破壊しているかどうか、地元自治体、県、国当局が基地内に立ち入り、汚染源の査察、必要に応じて土壌、大気、水質サンプルの採取を認められる必要がある。同じく米兵も報復に脅えることなく査察を要請する権利を認められなければならない。

返還が予定される土地は、早期の立ち入りが決定的に大事である。これまでの経験からいって、汚染からの復旧には数十年を要する。スムーズな移行と人間の健康保護のため科学的検査はできる限り早い段階で許可される必要がある。

まぎれもなく、そのような立ち入りは秘密主義の文化にとらわれている米軍にとって嫌なものだ。同じように日本政府からも反対されるのは、汚染が発覚すれば地元の反基地意見が高まるからだ。立ち入りはまた、県と地元産業界からの抵抗にも遭う。汚染の発覚は、特に観光と農業という二大産業の風評に傷が付くからだ。

しかし人間の健康は第一だ。命は、沖縄の人々が言うように、宝なのだから。

**②説明責任**

現在、地位協定によって、組織としての米軍と米兵個人は、自ら手を下した環境破壊から免責されている。地位協定の根本的見直しがなければ、在日米軍の乱暴狼藉を食い止めることは不可能だ。

基地の環境破壊に対する説明責任を仕組みとして取り入れなければならない。説明責任《アカウンタビリティ》とは、単に行為に対する説明を行うことだけでなく、その説明の責任を引き受けること(答責性)、すなわち違背があれば処罰を受けることを言う。違反に対する罰則なしでは、軍は環境指針に従う動機を欠いている。自主規制が失敗するのはわかっている。軍は自分たちを監視する警察の役割を果たすことができない。

このような説明責任は個人レベルから始めなければならない。基地の外で破壊行為があったとしても、現在まで米兵は放免されてきた。兵士が環境破壊を起こした場合、懲戒されなければならない。程度が小さければ、軍による処罰もあり得るが、その内容は公表されるのが前提だ。基地外に大規模な損壊を与えた場合は、兵士は日本の法廷で責任を問われるべきだろう。それは今日、兵士が日本の市民に対して犯した犯罪に日本の警察が司法権限を行使するのと同じことだ。

訓練されていないために起こる事故の説明責任は上位の命令系統に要求されなければならない。隊員を訓練できない上官は審問されるべきで、処罰には透明性が要求される。深刻な違反の場合は、説明責任は基地司令官にまで及ぶ。土地の領主のように扱われたいなら、下々に従える者たちの行動に責任がある。米国内では、環境法違反の米兵が訴追されることで、上官は法を超える存在ではないと理解するのだ。日本でも、同じ個人の責任の重さを実感させる必要がある。

同じように、説明責任の原則は過去の汚染にも遡及すべきだ。この数十年間の無謀な米軍汚染を免責することなど正当化できない。軍は現在運用中の基地で、先に示したように第三者の監督下で広範囲の試験を実施すべきだ。調査は定期的に実施し、結果は時宜に遅れず公表されなければならない。試験で汚染が明らかになれば、軍は復旧に責任を負うべき、すなわち汚染者負担の原則だ。地元自治体はこの浄化を監視する許可を与えられるべきであり、独立したクロスチェックは不可欠だ。

土地が返還される予定ならば、軍は、現行地位協定の用語を借りれば、「当該施設及び区域をそれらが合衆国軍隊に提供された時の状態に回復し、又はその回復の代りに日本に補償する」義務がある。

他方、汚染が返還された土地で発見された場合、米国政府は浄化費用、再利用の遅滞に係る損害、危険物質に曝露した可能性の疑われる人々への健康診断に責任を負う。

最後に、ＪＥＧＳの抜け穴は塞いでおかねばならない。米軍は有害と知りつつ、パーフルオロ化合物を、報告の対象外としてきた。劣化ウランはいぜんとして対象外のままだ。基地検査と同様に、中立の専門家はその内容を監督する必要がある。また軍艦・軍用機が法令遵守の対象外というのはもうおしまいにしなければならない。

日本政府は日本本土における米軍核兵器の存在について何十年も国民をだましてきたことの説明責任を負わなければならない。日本政府がペンタゴンと共謀して配備した核兵器の規模の真相に関する徹底調査が必要とされている。また有事の際に沖縄に再配備する合意は破棄されるべきで、それがなければ、沖縄は再び核兵器の事故の危険に曝されることになる。同時に、ワシントンに対しては、沖縄近海の「折れた矢《ブロークン・アロー》」と化学兵器廃棄物の除去を要求する組織的取り組みがなされなければならない。

日本政府の責務は、第一に自国民の安全を守ることであって、米軍の事故やその処理の怠慢を隠蔽し続けることではない。

最も重要なこととして、原子力戦艦の日本寄港を許可する決定は、大災害が起こる前に見直されるべきだ。特に事故が多発し、構造上の脆弱性を持つ横須賀海軍基地については当然だ。

**③応答力**

米国内では、軍用基地が返還される日程が決まると、通常は地域再開発局という名称の機関が設置され、近隣住民を含む利害関係者は、懸念の声を軍に届け、経過に参加できる。

日本にはそのような仕組みがない。代わりに利害関係者は返還経過から閉め出される。このため調査が実施されずダイオキシンが事後検出された上勢頭のようなことが起こる。

沖縄で特に問題なのは、その他日本本土と違って、大半の基地が私有地に建設されている点だ。軍と沖縄防衛局が沖縄県との対立を解消し、地域の必要に応えるべき三つの分野がある。それは健康、経済、再開発計画である。

米国内では、基地周辺の地域はがんや白血病などの集団疾患を経験している。急増傾向は、地元自治体がデータを照合することで特定可能だ。枯れ葉剤と乳児死亡の関連を追及したグアムがその一例だろう。日本と在日米軍基地内にはそのような仕組みが存在しない。

集団疾患が沖縄の基地内と周辺に存在することを示す証拠がある。すでに指摘した通り、嘉手納空軍基地の学校で子供が病気になったことははっきりしている。加えて、ある基地内住宅エリアでは、それ以前は健康だったのに糖尿病を発症した子供が突出して現れた。住民は建設工事によって汚染土が混ぜ返された可能性を疑った。本書を執筆中の現時点で、親たちは不安が公然化する前に、軍に対し調査を強く訴えている。

広範な医療検査が実施されなければ、疾病と軍事公害との関係を科学的に立証することは難しい。医療記録は、地方自治体、国政府からの情報提供で創設されるべきだろう。そのデータは日米の保健専門職が活用することで地域の病例を追跡し最終的に患者を支えるものとされるべきである。子供は大人よりも環境汚染の影響を受けやすいため、米軍基地付近で生まれた子供たちの発達障害にも注意を払うべきだろう。

経済に関しては、地主と地元住民の求めに三つの側面で応えていく必要がある。多くの地主が何十年も返還を待たされて失意のうちにある。かつては、完全浄化にかかる期間については、楽観的ないし無邪気な見通しであった。状況がよりよく理解されるようになった今日、日本政府と米軍は、安全面を考慮して、地主が土地を調査する充分な機会を認めなければならない。

さらに、地元自治体はもっと積極的に地元住民を支援すべきだ。これまで多くの自治体は、公害問題となると県や国に従いがちだったが、自治体当局は地元住民の側に立って、浄化が効果的に実施されるよう一歩踏み込んで動くことが求められている。

自治体は移行期を支援し、土地の再利用が地域共同体に資するよう相談役を担う必要もある。沖縄においては、近年の発展が広大なショッピングモールに依存する傾向があるが、数年先を見据えれば持続可能性が疑わしい。

軍用地の再開発に地元共同体がより密接に参画し、汚染回復情報の定期更新もあれば、安全な再利用について必要な段階を理解することができる。悲しいことに、軍用地跡地によっては、環境浄化しても学校や病院に適さないレベルにしか回復が見込めない場所もある。その場合は、地元共同体は情報提供を受け、決定過程に参画し、共同体の最善となるよう判断できなければならない。同じく軍担当官は、自分も暮らしているのに地域の共同体から距離を置きがちだが、何十年も基地に苦しめられてきた住民に向き合う必要がある。

## 軍事公害と人権

二〇〇一年、国連は一一月六日を「戦争と武力紛争による環境搾取防止のための国際デー」と定めた。

指定に際して声明は「環境はしばしば公表されずに取り残された戦争の犠牲者である。井戸が汚染され収獲が燃やされ、森が切り倒され、土壌が汚染される」と述べている。

紛争という表現によって、国連は日本の米軍の影響についても言及しているのかもしれない。平和であるはずの国、中でも沖縄を、ペンタゴンは多くの戦争地帯よりもひどく汚染しているのだ。

この後数年で、現状がさらに悪化する危険性がある。新たな安全保障法制やすでに始まっている訓練は、日本の軍隊を米国の側で闘うよう配備し、ますます多くの米軍基地が共同使用となるだろう。これは環境違反に関するデータ入手を一層困難にするだろうと考えられる。透明性を実現する諸法の下に情報公開があるとすれば、日本政府は米軍と比べてもずっと不透明な存在なのだ。

特定秘密保護法が、情報を囲い込むための萎縮効果として使われる懸念もある。内部情報提供者たち、この本を支えてくれたような人々は、一〇年の収監の危険を負い、声を上げるよう支援したジャーナリストは五年、私のような外国籍者は国外退去だろう。

個人として、そのリスクを私は背負い続ける覚悟がある。日本の汚染問題は、今日の日本における最重要の人権問題のひとつと言える。

米軍公害は日本の過去を汚染した。今日も汚染は続いている。もし何もなされないならば、将来も汚染し続け、それは壊滅的レベルに達するだろう。日米両政府が私たちに何と信じ込ませようとも、汚染はフェンスを越え、日本人もアメリカ人も区別なく傷つける。

それでも、私は希望を捨てない。

日本の公害を明らかにする探求は国境を越え、世界中の専門家を連帯させ、軍も民間人も輪になれる。そのような人々はみな、知る権利のために闘うことは、反軍的でも非愛国的でもなく、極めて基本的な人権が賭けられているのだとわかっている。暮らしている土地が安全かどうか、あなた自身やあなたの子供たちが健康を蝕まれないかどうか知る権利。あなたの呼吸する空気がきれいか、放射能、ベンゼン、鉛で汚染されていないか知る権利。あなたが泳ぎ、魚を捕り、水浴びし、口にする水によって、あなたががんの原因になる物質に曝露するかどうか知る権利。

このようにごく基本的な人間の権利を侵害する米軍と日本政府は、いずれも有罪である。

# 訳者あとがき

阿部小涼

本書は、米国の情報自由法（ＦＯＩＡ）で開示させた文書と内部告発によって、沖縄と日本における米軍の環境破壊、すなわち米軍公害を明らかにするジャーナリズムの成果である。著者のジョン・ミッチェルは沖縄の米軍問題を発信し続ける調査報道の旗手で、訳者は縁あって最初の本『追跡・沖縄の枯れ葉剤――埋もれた戦争犯罪を掘り起こす』（高文研、二〇一四）に続き、今回の翻訳にも関わらせていただいた。ここでは本書の理解を深める上で必読だった参考文献を、敬意を込めて紹介することで、あとがきの責務を果たしたい。

梅林宏道は、情報公開で在日・在沖米軍の問題を解き明かした先駆者であり、最新の成果として『在日米軍　変貌する日米安保体制』（岩波新書、二〇一七）がある。梅林も寄稿した雑誌『環境と公害』（三二巻四号、二〇〇三年四月）は軍事基地の環境問題を特集し、宇井純、宮本憲一、原田正純ら、この主題を牽引してきた研究者らの問題提起と背景を知る手がかりとなる。その精神を継承したというべき研究成果に、林公則『軍事環境問題の政治経済学』（日本経済評論社、二〇一一）がある。

日米地位協定とその閉鎖的な執行組織「日米合同委員会」については、近年多数の出版が続いている。嚆矢として琉球新報社編『外交機密文書　日米地位協定の考え方（増補版）』（高文研、二〇〇四）と、

『検証［地位協定］　日米不平等の源流』（高文研、二〇〇四）は必携だ。同社の記者らは『ルポ軍事基地と闘う住民たち　日本・海外の現場から』（ＮＨＫ出版、二〇〇三）も出版している。住民の闘いとは、とりもなおさず、基地公害との闘いを意味する。テキサス州ケリー空軍基地、プエルトリコのビエケス、ドイツ、韓国各地での厚い現地取材に支えられた成果で、本書をグローバルな文脈において考えるために欠かせない先達による著作だ。

この他沖縄の核兵器について、著者は二〇一二年七月八日の『ジャパンタイムズ』紙で、メースＢ基地の緊急事態を当事者の証言で再現し、日本政府が沖縄への核配備隠蔽を示した「箱根メモ」については、二〇〇一年初めて明らかにした新原昭治を紹介しつつレポートしている。安田衛「瀬長亀次郎が秘蔵していた最高軍事機密写真」（『越境広場』第三号、二〇一七年二月）も参照されたい。

さて、日本語タイトルを考えるにあたり、米軍を元凶とする環境破壊について「公害」の語が使われていないことに疑問を抱いた訳者に、本書にも登場するＩＰＰの河村雅美が教示してくれたのが、友澤悠季『「問い」としての公害　環境社会学者・飯島伸子の思索』（勁草書房、二〇一四）である。「公害」の語が「環境保護」の美辞麗句に座を奪われ、責任追及の牙を抜かれていく二〇世紀末がそこに詳らかにされていた。沖縄について調べると、日本弁護士連合会『沖縄の基地公害と人権問題　日本弁護士連合会報告』（南方同胞援護会、一九七〇）に行き当たった。「基地公害」という語は確かに存在していたのだ。だが転換点としての施政権返還に重なりつつ、沖縄でも米軍を「公害」として捉え損なっていく様相が浮かび上がる。

沖縄の暮らしは軍事公害に飲み込まれていたのに、基地建設は、ある側面で「レヴィットタウン」

のようにモダンなアメリカ風味の開発の夢だった。今やその基地の返還が、跡地の再開発をめぐる発展の夢と一蓮托生なのだ。相変わらず無能な政府の下で、警察や民間警備員まで動員して環境を壊滅する基地建設や、アセスメントを虫喰いにする防衛省の天下りビジネスまである。

毎年発表されてきた沖縄県環境白書には「基地関連公害の防止」の章が設けられているが、形式的な状況把握にとどまっており、結局、二重基準の存在を追認しているに過ぎない。これに対して本書でも言及のある「米軍基地環境カルテ」は、二〇一七年「沖縄県米軍基地環境調査ガイドライン」に基づいて始まったが、そこに「公害」の語を見つけることはできない。すなわち、新たな施策を空洞化させないために、著者が示す責任追及アプローチの必要性は明白だろう。さらに訓練場や演習、兵員の駐留に由来するゴミ・廃棄物をも視野に入れた、グローバルで包括的な、軍事公害という視座を持つ必要がある。

いま一度、私たちは公害という言葉を手がかりに、軍事主義を拒否し、公共空間を取り戻したい。二一世紀の今ならば、一国政府を超える公共性とアカウンタビリティ(答責性)という視点で議論が開かれていくだろう。

最後に、この出版の機会を求めて奔走・仲介して下さった佐藤学さん。そして、沖縄と日本の軍事公害を問題提起してきた出版史の一角に本書を連ねたいと考えた著者の願いを、実現にこぎ着けて下さった岩波書店の中本直子さんに、著者に代わって篤く御礼申し上げたい。

ジョン・ミッチェル(Jon Mitchell)
1974年ウェールズ生まれ．調査報道ジャーナリスト，沖縄タイムス特約通信員．明治学院大学国際平和研究所研究員，東京工業大学非常勤講師．
日本外国特派員協会「報道の自由・報道功労賞」Freedom of Press Lifetime Achievement Award受賞．沖縄タイムス，琉球新報，The Japan Times，毎日新聞，朝日新聞，東京新聞，テレビ朝日，日本テレビ，TBSなど多くの報道機関に寄稿，出演．
著書に『追跡・沖縄の枯れ葉剤——埋もれた戦争犯罪を掘り起こす』(高文研)がある．

阿部小涼
琉球大学人文社会学部教授．国際社会学．

追跡 日米地位協定と基地公害
——「太平洋のゴミ捨て場」と呼ばれて

2018年5月29日　第1刷発行
2020年1月15日　第3刷発行

著　者　ジョン・ミッチェル

訳　者　阿部小涼《あべこすず》

発行者　岡本　厚

発行所　株式会社 岩波書店
〒101-8002 東京都千代田区一ツ橋2-5-5
電話案内 03-5210-4000
https://www.iwanami.co.jp/

印刷・三秀舎　製本・松岳社


ISBN 978-4-00-001409-0　Printed in Japan